製品設計者の手戻りをなくす

プラスチック金型・成形
不良対策ファイル

《35》

伊藤英樹 著

日刊工業新聞社

はじめに

　本書は、製品設計者へエールをおくる技術事例書である。モノづくり環境のグローバル化に伴い、設計者と生産現場とが離れてきている。物理的な距離が大きくなり、双方を感じ取る想像力が弱くなってきている。設計はモノづくり工程のトップバッターであり、次の工程だけではなく最終工程までを見通した設計をしなければ、良いモノをつくることは決してできない。

　筆者はプラスチック製品の開発および量産設計に長年携わってきた中で、当時は身近にあった次工程、量産現場から容赦のない洗礼を数多く受けた。良くも悪くもこれにより現場感覚を養うことができた。

　しかし、今のモノづくり環境では、設計者が現場感覚を養うのは残念ながら難しい。本書のタイトルにもある「手戻り」というキーワードの示す範囲は広い。特に上流となる設計工程で次工程以降への配慮がないと、すべて「手戻り」となりかねない。

　そこで、本書ではプラスチック製品設計における設計事例を5つの切り口で取り上げた（35話）。また、何を考えて状況にどう対処したかの論理展開を、各話で統一したのでポイントをつかみやすいことと思う。さらに、各話の基礎や関連事項の解説を加えて視野の拡大を図ることとした。

◎設計事例の5つの切り口

1. 金型（10話）
2. 樹脂材料（7話）
3. 成形加工（5話）
4. 成形不良（5話）
5. 製品設計（7話）

※番外編（1話）

○各話の構成

①設計事例の論理展開

【タイトル】→【着眼】→【背景】
→【通常】→【しかし】→【そこで】
→【結果】→【なお】

②関連解説

事例に関する基礎または関連事項

各話の読み方については、自分だったらどうするだろうかと重ね合わせることも有効である。これにより自らの設計判断や行動をシミュレートでき、さらには想像力の養成にもつながるものと思う。世にはいろいろな製品があり、答えはただ1つとは限らない。状況に合わせた柔軟な判断力や行動力も、設計にとって不可欠な能力である。
　製品設計、あるいは広くモノづくりに携わる方にとって、本書がいささかなりともお役に立てば、筆者にとってこれ以上の喜びはない。

　本書出版にあたっては日刊工業新聞社書籍編集部のみなさまの労を多くした。筆者の遅筆に最後まで叱咤激励をいただいた。この場を借り深く感謝申し上げる。

2018年12月

技術士　伊藤英樹

製品設計者の手戻りをなくす
プラスチック金型・成形 不良対策ファイル35

目　次

はじめに ……………………………………………………………………… 1

第1章　製品設計の役割 …………………………………… 8

第2章　金　型 …………………………………………………… 12

金型1　ペアでつくってペアを組み合わせる ……………… 12
　　　関連解説1　寸法公差とはめあい・16

金型2　成形品を整列状態のまま製品本体へ組み込む …… 18
　　　関連解説1　ターンキー生産システム・22
　　　関連解説2　事例工法の実現に必要な金型・成形に関すること・22

金型3　顧客仕様が変わっても使えるようにする ………… 24
　　　関連解説1　シリコーンゴム・28

金型4　つくり方を変えて部品の種類を減らす …………… 30
　　　関連解説1　薄型化の波及効果・34
　　　関連解説2　ハウジングを曲げる留意点・34
　　　関連解説3　大型成形品の形状精度をつくる・34

金型5　共通仕様をくくり出して金型数量とコストを減らす … 36
　　　関連解説1　専用型が良い場合・42
　　　関連解説2　ペア取り、セット取りで金型をつくる・42

金型6　スナップインフックの取付強度をアップする …… 44
　関連解説1　フック設計パラメータと効果・50
　関連解説2　抜去力の安定性・50
　関連解説3　フック挿抜の繰り返し強度・50

金型7　透明材料はデザインに気をつける …………… 52
　関連解説1　突き出しについて・56

金型8　デザインと機能設計 ……………………………… 58

金型9　見た目だけで安心するのは早すぎる ………… 62
　関連解説1　ひけとボイドの発生メカニズム・66
　関連解説2　似て非なる空洞・66
　関連解説3　ボイドを見つける方法・67

金型10　製品設計に必要な金型知識 …………………… 68
　関連解説1　モールドベース構造と各部の役割・72
　関連解説2　欲しい品質と金型構造・73

第3章　樹　脂　…………………………………………… 74

樹脂1　プラスチックに文字を描く ……………………… 74
　関連解説1　印刷工法と樹脂への影響考察・78
　関連解説2　製品1個単位のトレーサビリティ・78

樹脂2　樹脂は最初に決める設計仕様 ………………… 80
　関連解説1　樹脂材料を選ぶ留意点・84

樹脂3　ポリマーアロイで特性の良いところ取り …… 86
　関連解説1　ポリマーアロイとは・90
　関連解説2　樹脂の特性を向上させる他の方法・91

樹脂4　樹脂特性と製品耐熱性 ………………………… 92
　関連解説1　耐熱試験と評価の難しさ・96

樹脂5　特性改質した樹脂の見えない品質 …………………………… 98
　　関連解説1　レーザによる刻印品質と加工時間・102

樹脂6　樹脂特性と製品性能 ……………………………………………… 104
　　関連解説1　比重差でコストダウン・108
　　関連解説2　物性値比較の際の視点・108

樹脂7　身近な樹脂製品から学ぶこと …………………………………… 110
　　関連解説1　削り試作と試作金型による試作の違い・114

第4章　成形加工 …………………………………………………… 116

成形加工1　ジェッティングと成形条件 ………………………………… 116
　　関連解説1　成形不良の現象・要因および主な対策・120
　　関連解説2　ヘジテーション現象が原因で発生する成形不良・121

成形加工2　不良を見越した設計図面 …………………………………… 122
　　関連解説1　注記という名の仕様・126

成形加工3　肉を削って早く冷やしてコストダウン …………………… 128
　　関連解説1　サイクルタイムと金型生産能力・134
　　関連解説2　サイクルタイムと金型設計・135

成形加工4　必要な色を必要な量だけつくる …………………………… 136
　　関連解説1　着色の仕方・140
　　関連解説2　顔料ばかりでないマスターバッチ・140
　　関連解説3　マスターバッチと物性・140
　　関連解説4　樹脂材料の成分検証・141

成形加工5　ウェルドラインをなくす技術 ……………………………… 142
　　関連解説1　成形品に穴がなくてもウェルドラインができる・146
　　関連解説2　射出タイミングでウェルドラインをなくす・147

第5章 成形不良 …… 148

成形不良1 成形品判定の留意点 …… 148
- 関連解説1 離型後の後収縮・152
- 関連解説2 設計ミスと金型改造・152
- 関連解説3 成形の立会で確認すること・152

成形不良2 シルバーストリークと人的要因 …… 154
- 関連解説1 特性要因図・158
- 関連解説2 樹脂の乾燥法の種類・158
- 関連解説3 アニール処理・159

成形不良3 残留ひずみの見える化 …… 160
- 関連解説1 応力緩和・164

成形不良4 外観キズと原因追跡 …… 166
- 関連解説1 成形不良とは何か・172

成形不良5 成形機周辺の不良要因さがし …… 174
- 関連解説1 要因が成形品設計にある例・178

第6章 製品設計 …… 180

製品設計1 プラスチックに電気を通す …… 180
- 関連解説1 知っておきたい成形法・184
- 関連解説2 真直度・185

製品設計2 重要機能へコスト配分 …… 186
- 関連解説1 問題と課題・192
- 関連解説2 アイデア会議と発想法・192

製品設計3　組立て間違いしない設計　…… 194
関連解説1　組み立てられない設計としない・198
関連解説2　使いやすい治具と生産性・198

製品設計4　新製品の仕様を決める　…… 200
関連解説1　新製品と評価技術・204

製品設計5　プラスチック部品の図面　…… 206
関連解説1　部品の基準線・210

製品設計6　プラスチック部品のつなぎ方　…… 212
関連解説1　部品のつなぎ方のいろいろ・217

製品設計7　海外量産の留意点　…… 218
関連解説1　製品の組立速度・224
関連解説2　量産準備および量産でのいくつかの留意点・224

番外編　製品設計者のハンドキャリー顛末記　…… 226
索引　…… 232

第1章 製品設計の役割

　モノづくりでは、①顧客の望むところを知り、②顧客が満足する企画を設定し、③その企画通りとなるよう設計し、④その設計通りとなるように製造する。製品設計の仕事の範囲は組織によりさまざまであるが、顧客に喜んでもらえる製品をつくるという観点からは、①から④まで製品設計の対象となる。下記はボタンの操作感を設計する事例である。

①は、製品のターゲット（目標）を押さえるという意味で非常に重要である。顧客要求を調べないで設計を始めると、大抵は的外れなものとなる。しかし、顧客要求は一般言葉で表現されることも多く、そのまま設計に取りかかれるような代物ではない。例えば、パソコン用のキーボードのボタン操作感において、「メリハリのある」または「コクがあってキレもある」「スコーンと抜けるような」操作感が欲しいとの要望がある。これらは顧客の「真の特性」を言い当ててはいるものの、このままでは具体設計はできない。設計可能な技術言葉（「工学的特性」）に翻訳することが必要である。

②は、真の特性を工学的特性に翻訳（ある物理量へ定量化）して、真の特性に近づけようとするものである。図1.1はボタン下部の「ばね特性」を工学的特性として設計している。

③は、目標の「ばね特性」が設計できたら、次はこのばね特性を安定して実現するような部品を設計する（図1.2）。

④は、自ら製造をするという意味ではなく、量産場面で不良が発生した場合に、設計的な判断と対処が求められるということである。不良発生のメカニズムについては、やはり製品をよく知る設計者が追跡して適切かつ総合的な対処をすべき場面がある。

　モノづくりの①から④までの項目で、「製造する」のがなぜ製品設計の対象となるのか腑に落ちなかったのではないだろうか。設計通りに製造できてはじめて製品となるのであるから、実は製造のところに「手戻り（＝やり直し）」をなくすキーワードが多くある。金型でモノづくりをするということは、非常に多くの数量を製造することになる。これだけ多くの数量を製造しても、設計した品質を「安定して再現」できなければ、④は達成できないことになる。「安定して再現」がポイントである。品質も利益確保もすべてここにある（図

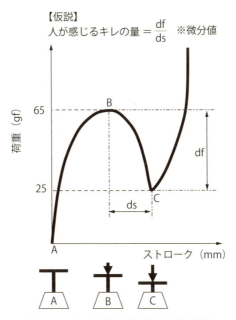

図1.1　真の特性に近づけたばね特性

図1.2　ばね特性を具現化する部品形状設計

1.3)。製品寿命が長い製品においては、製品が市場に出てからの使われ方や使われる環境を、想像力を可能な限り働かせて想定し、最初の設計で必要となる品質をすべてつくり込むことも、製品設計者の重要な役割である。

企画・設計から量産・出荷までのプラスチック製品モノづくり工程は、おおよそ図1.4のようになる。製品設計の工程のアウトプットは図面である。図面通りにつくれば顧客の要求に合致するように、必要な品質が初めからすべてつくり込まれていなければならない。設計そのもののミスや、各工程に留意した設計がなされていないと「手戻り」となる。しかし、手戻りではすまないケースもある。金型製作段階に入ると、図面の1本の線、1個所の寸法のミスがあったとしても、一度削ってしまった金型の形状は元に戻すことができない。あるいは樹脂材料の選定ミスにより、かなり後工程になって本質的な不良が発覚して、樹脂の仕様変更をしなくてはならない事態となることがある。樹脂材料を変更すると冷却時の成形収縮率が異なることから、同じ金型で狙いの形状・寸法が出せなくなる恐れがある。これらはプラスチック関連の知識不足が要因の1つであり、次工程以降の経験不足からくる気付きの欠如でもある。

第2章以降は、失敗事例、成功事例、業務改善、新製品開発、不良対応、コストダウンなど製品設計者が遭遇しそうな事例を5つの切り口で取り上げた。なお、実際の事例においては、例えば樹脂の事例であっても、樹脂だけの話に留まらず、金型や成形にも大いに関連することに気づかれると思う。樹脂、金型、成形と独立しているわけではなく、密接につながっているのである。

本書で取り上げた35の事例に気付きやヒントを得て、今度は読者のみなさん自身が新たなテーマにチャレンジし、36話目の事例を是非ともつくっていただきたい。

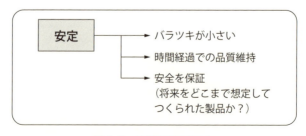

図1.3 安定であること

第 1 章　製品設計の役割

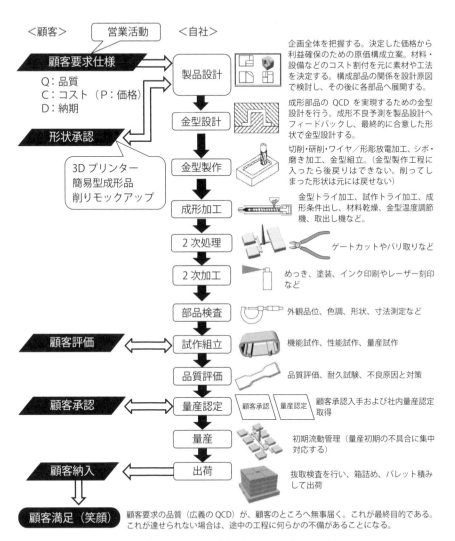

図 1.4　「プラスチック製品」のモノづくりの流れ

第2章　金型

金型1　ペアでつくってペアを組み合わせる

着眼▶
異なる成形品を次工程で組み合わせる設計ならば、同じ金型で同時に成形して組み立てた方がはめあい品質は向上する

背景

AおよびBは、多数個取りの異なる金型で成形された成形品である。AとBを組み合わせる場合の数は多くなり、個々の寸法精度が高くても、組立後のはめあい品質のバラツキは大きくなる。

通常

異なる部品同士の組合せにおいては、はめあい品質をどうしたいかを初期に決める。組合せ後は2度と外れないようにするのか、脱着可能とするのか、あるいはクリアランスを確保して摺動や回転可能とするのかでは、はめあい設計は自ずと異なってくる。

摺動を例に取り上げると、穴へ挿入した軸をスムースに回転させるためには、挿入後のクリアランス（穴と軸の隙間）設計がポイントとなる（図2.1.1）。適切なクリアランスを見極めるため、必要により1個取りの試作金型を起工することもある。組立試作および摺動性能評価により摺動性を検討し、穴と軸の基本設計（形状および基準寸法・公差寸法）を決定する。

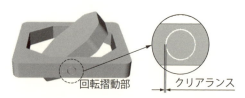

図2.1.1　穴と軸とクリアランス設計

しかし？

　量産に入ると、品質に加えて生産性が求められる。したがって1個取りでは対応できず、4個取りまたは16個取りなどの多数個取りの金型が必要となる。また、要求の月産数量を満足させるためには、多数個取りの金型を複数起工して、異なる成形機、異なる加工場所で成形加工する場合があることも、量産においては想定しておかなければならない。

　1つの製品モデルの量産では、製品設計者は基本設計（製品原図）を終えると、次に個々の「部品図」をつくる。その部品図に謳った品質仕様の部品ができさえすれば、それらを組み立てた製品品質は目標達成となるように部品を設計しておかなければならない。

　ところが、実際の量産金型では同一金型面内に同形状のキャビティを多数個彫り込むため、高精度の工作機械により加工を行ったとしても、キャビティ間の形状バラツキがないとは言えない。仮にキャビティ間の形状バラツキが小さかったとしても、キャビティレイアウト（金型面内でのキャビティ配置）が必要となる。スプルーから各キャビティまでのランナー長さ、各キャビティ位置での金型冷却能力などは成形品品質に影響するため、離型後の成形品寸法のバラツキを大きくする要因となる（**図2.1.2**）。

　同じ金型内の同形状の成形品であってもこのような状況であるので、異なる金型で成形された成形品A（穴部品）と成形品B（軸部品）同士を組み合わせ

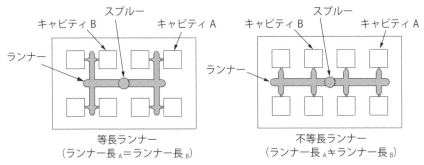

図2.1.2　キャビティレイアウトと成形品品質

ると、一体どうなるであろうか。スムースな摺動には適性クリアランスの確保が欠かせない。ここで製品設計者が考えておかなくてはならないのは、基準寸法での摺動性能ではない。量産バラツキを想定した組合せでの最悪の摺動性能である。

具体的には、A穴の最大値とB軸の最小値の組合せではガタガタした摺動とならないか、あるいはA穴の最小値とB軸の最大値の組合せでは嵌合傾向となる摺動とならないか、などの懸念である。これら懸念のあまり、元の寸法公差を狭めて、精度を高く部品図面を描き換えることがある。これにより、金型精度はさらに一段高く製作しなくてはならず、金型費用の高騰や成形品の歩留り低下など、決して本質的な解決とはならない。

そこで！

組み合わせる部品を同じ金型で成形することとした。欲しいのは部品の寸法精度ではなく、組み合わせた後の「クリアランス精度」を重視するという発想である。

同じ金型内に穴部品4つ（キャビティ：A1～A4）と、軸部品4つ（キャビティ：B1～B4）を形成する。これらを普通に離型して落下させると、穴と軸

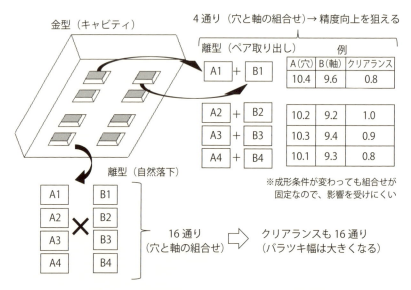

図2.1.3　ペア取り出しによるクリアランス制御

の組合せは16通り（＝4×4）となり、クリアランスのバラツキは大きくなる。何らかの方法により、［A1×B1］［A2×B2］［A3×B3］［A4×B4］のように組み合わせるペアを固定できれば、クリアランスのパターンは4通りとなり、クリアランス精度を制御できる（穴もしくは軸のどちらか一方の寸法を調整すれば足りる）（**図2.1.3**）。

　組合せのペアを決めることにより、良好摺動に必要なクリアランス精度を確保することができた。個別のペア内でクリアランス精度を追い込むことが可能となり、過剰な寸法精度は不要となった。

なお…

　本アイデアの実現には、決めたペアを確実に組み合わせることが必要である。成形工程のすぐ後に、組合せ工程があれば確実である。

　本例では、金型面内で穴部品のキャビティ列、軸部品のキャビティ列が隣接するようにレイアウトし、フープ状（部品の周囲につくった枠形状により多数個の成形品を1本に連ねた状態）に成形する。型開きと同時に引張装置でフープを引き上げてずらし、次のフープと接合するように成形を繰り返す。こうやって、穴部品フープと軸部品フープの2本のフープが成形機から紡ぎ出される。決まったペアの関係を保ちながら、次工程の組立装置で組み合わせる（**図2.1.4**）。

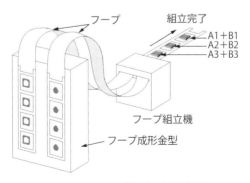

図2.1.4　フープ成形と組立装置

関連解説1　寸法公差とはめあい

　寸法を厳格に決めて加工したとしても、完全に正確な加工は不可能である。そこで指示する寸法に一定の許容幅（寸法公差）を持たせ、加工後の寸法が寸法公差内であれば合格とするのが一般的である（図2.1.5）。

　寸法公差の指示例を、①表示、②数直線で示す（図2.1.6）。なぜすべて±（プラスマイナス）表記としないで、2行に分けた公差表記とするのか。それは穴と軸、凹部と凸部などのような組合せを目的とした形状において、組合せ後のクリアランスがいくつとなるか、はめあい品質がどれほどかがわかりやすいからである（図2.1.7）。

　「はめあい」とは、組み立てる2つの形体（穴と軸など）の組み合わせる前の寸法差から生じる関係をいう。寸法差（「すきま」や「しめしろ」）の出来具合により3つのはめあい種類がある（図2.1.8）。

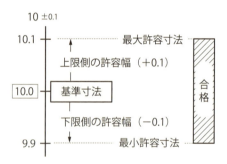

図2.1.5　公差の考え方

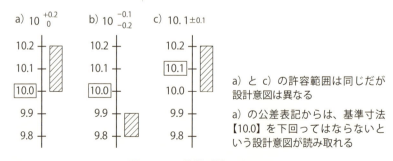

図2.1.6　公差寸法の指示例

第 2 章　金型

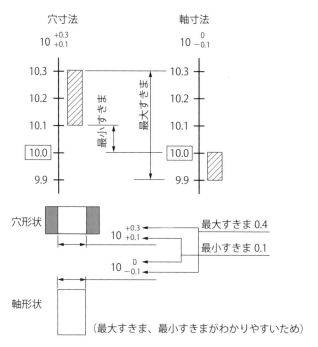

図2.1.7　公差表記を2行に分ける理由

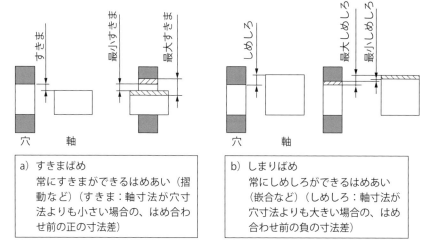

a) すきまばめ
　常にすきまができるはめあい（摺動など）（すきま：軸寸法が穴寸法よりも小さい場合の、はめ合わせ前の正の寸法差）

b) しまりばめ
　常にしめしろができるはめあい（嵌合など）（しめしろ：軸寸法が穴寸法よりも大きい場合の、はめ合わせ前の負の寸法差）

c) 中間ばめ：軸と穴の実寸法によってすきま、またはしめしろのどちらかができるはめあい

図2.1.8　はめあい種類

金型2　成形品を整列状態のまま製品本体へ組み込む

着眼▶
成形品を次工程で整列させて組み込む設計ならば、金型のキャビティレイアウトを活かして整列状態のまま組み込むと得策である

背景

パソコン用のキーボードには、天面に文字や数字が印刷されたボタンが約100個程度ある。形状寸法の縦横比が1：1であるボタンが全体の約7割を占める（図2.2.1）。

数量の多いボタンは多数個取りの金型仕様となり、キャビティレイアウトはキチンと整列した状態である。整列した状態で成形しても離型後はバラバラに落下するため、それらを集めて再整列して組み込むことに「作業のムダ」がある。穴と軸の組合せの場合の数も多くなり、「はめあい品質」も低くなってくる。

通常

製品の生産仕様（月の生産数量など）および部品構成表（製品を構成する各部品の使用個数の一覧表）により、各部品の月産加工必要数量がわかる。大量の部品を加工しなければならない場合は、多数個取りの金型とする。成形機仕

（ハッチング個所が1：1縦横比のボタン）

図2.2.1　縦横比が1：1のボタンが全体の約7割を占める

様（型締力など）も考慮して、金型サイズや取り個数、キャビティレイアウトなどを決定する。

キーボードの量産では、成形加工した部品（ボタン）を種類ごとに次工程へ渡す。次工程では、作業者がボタンの組立方向を指先で揃えて、ハウジングの決められた個所へ整列するように手で組み込む（図2.2.2）。形状が異なる他のボタンにおいても、工程は同様である。

何かムダを感じるようになった。発端は、成形の加工現場に立ち会ったことである。

整然と並んで彫り込まれたキャビティレイアウトを見た。成形が始まると、型開き後、コア型に貼り付いた成形品がエジェクタピンで突き出され、一気にバラバラと部品受けに落ちていった（図2.2.3）。部品受けの部品を袋詰めして次工程へ渡すことは、これまで何ら不思議に感じていなかった。成形一般においては目の前で見ている工程が普通なのだろうが、せっかくきれいに整列している部品をバラバラにしておいて、組立工程でまた人が整列させるのは何とも「もったいない」作業と感じた。

整列させながら組み込んでいるため、組み間違い不良が発生している。キャ

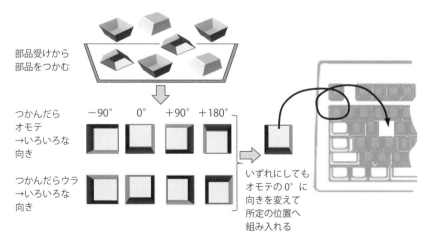

図2.2.2　部品入れから指でつかんで向きを揃えて組み入れる

（離型前は整列状態→離型でランダム）

図2.2.3　突き出しでバラバラに離型

ビティ数が多いため、ボタン（軸）とハウジング（穴）との組合せの場合の数が非常に多くなり、はめあい品質の低下（摺動がきつかったり、グラグラしたりすること）にもつながっていた。

そこで！

　離型の瞬間にボタンを吸着保持し（落下させない）、保持したボタンを整列治具に移し（挿入組立前の調整）、複数のボタンを一括してハウジングに組み入れる方式を考えた（図2.2.4）。ハウジングにバチンと挿入組立される瞬間をイメージし、それを上手く行うためには1つ前の工程はどうあるべきかを考え、後工程から前工程を考えてつないでいく作業を繰り返した。最終的に、新工法に求められる金型仕様を決めるところまでたどり着いた。

　成形加工から組立工程まで、一連の流れが滞りなくつながることが重要である。金型だけ、成形だけ、組立だけの個々の工程を独立して考えていたのでは成り立たなかった工法である。

結果

　新工法が狙う効果を実現することができた。直接的な効果は、①成形時の

第 2 章　金 型

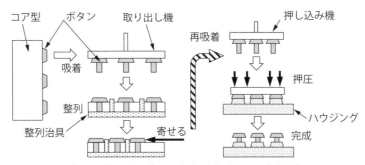

（部品を落下させずに、成形から組立まで一気通貫）
図2.2.4　複数ボタンの一括成形・一括組立方式

キャビティレイアウトを活かして一括挿入組立することにより、組み間違いなどの作業不良が減ったこと、②穴と軸の組合せが定まるためクリアランスのバラツキが小さくなり、はめあい品質（摺動性能）が向上したことである。

　波及的な効果は、①成形品を落下させないのでキズなどの不良が減ったこと、②成形と組立の工程をつなぐことにより工程品質が向上したこと（理由：成形、金型、組立のどれか1つに不具合があっても量産がストップするため、工程品質の可視化につながった。逆に言うと、それまでの工程はバッチ処理であり、工程に不具合があっても問題が顕在化しにくかった）である。

　本工法の発案は製品設計であったが、実際の工法開発に当たっては、関係部門が集まり侃々諤々(かんかんがくがく)の議論をしながら可能な限りシンプルで堅牢な工程を考えた。本工法用の金型仕様、成形品の保持と整列治具移しを行うロボット開発、整列治具からハウジング挿入を行う組立装置の開発、その他の要素技術を確立した。

　製品設計は蚊帳の外に見えるが、開発メンバーから成形のしやすさや、挿入のしやすさを求められることがあった。製品性能を損なわない程度に、どこまで部品仕様を変更可能かという設計検討を行うことで、製品設計も工法開発の一翼を担ったのである。

21

関連解説1　ターンキー生産システム

　ターンキーとは、「カギを回せばすぐに使える」という意味合いの言葉である。成形加工後に2次加工などを行い商品に付加価値を与える場合、次工程が離れている場所で加工するよりも、成形機の周囲に必要な工程を配置し、完成に近い仕様まで加工できれば生産性は向上する（図2.2.5）。2次工程の例としては、「塗装」「蒸着」「めっき」「印刷」「計数梱包」などがある。

関連解説2　事例工法の実現に必要な金型・成形に関すること

①キャビティ同時充填

　金型のランナーレイアウトにおいては、スプルーから各キャビティまでのランナー長が等しくなるように金型設計をする（等長ランナー）。ランナーの長短によりキャビティ充填完了時間に差ができ、成形品質に影響を与える。事例工法を実現する都合により、ボタンを同一向きにするキャビティレイアウトとしたため、一部のキャビティでは等長ランナーとできなかった（図2.2.6）。

②キャビティ壁の厚み

　キーボードのボタンピッチ（約19mm）は決まっており、成形から組立をス

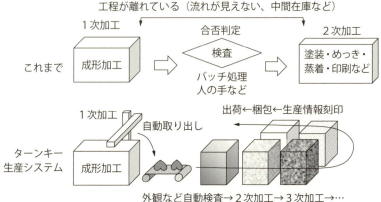

図2.2.5　ターンキー生産システム

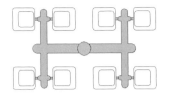
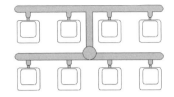

a）通常の8個取り
（H型ランナーレイアウト）

b）一括成形工法
（成形品向きがすべて同じ＝製品の向き）

図2.2.6　工法の影響（ランナー長と成形品品質）

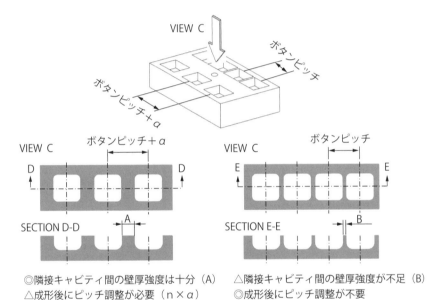

◎隣接キャビティ間の壁厚強度は十分（A）　△隣接キャビティ間の壁厚強度が不足（B）
△成形後にピッチ調整が必要（n×α）　　　◎成形後にピッチ調整が不要

図2.2.7　ボタンピッチと隣接キャビティ間の壁厚強度の課題

ムースにつなぐためには、金型のキャビティピッチもボタンピッチと同じにできると都合が良い。しかし、キャビティピッチを同じにすると、キャビティ間の壁厚みが薄くなるという問題がある。なぜなら、射出成形では溶融樹脂を非常に高い圧力で金型内へ射出しているため、壁厚みが薄いと射出圧で壁が変形し、金型破損や成形品の品質に影響する（**図2.2.7**）。この影響を回避するために、キャビティピッチは少し大きめにして安定成形し、その後整列治具でボタンピッチに調整して組込工程につなぐことができた。

金型3 顧客仕様が変わっても使えるようにする

着眼▶
製品性能を左右する重要な部品は、顧客仕様が変わっても使えるようにしておく方が品質的にもコスト的にも得策である

背景

　パソコン用キーボードは100個ほどのスイッチの集合体である。このスイッチの特徴は、指で押している間だけスイッチが「ON」となることである。指でボタンを押し込むと、内蔵されたスプリングが変形してスイッチがONとなり、指をボタンから離すと、スプリングは元の形状に復帰してスイッチがOFFとなる。

　スプリングはシリコーンゴムでつくられたものが多く、ボタンを押したときに指が感じる反発力はキーボードの操作感触を左右する（図2.3.1）。したがって、スプリングは重要部品に位置づけられている。

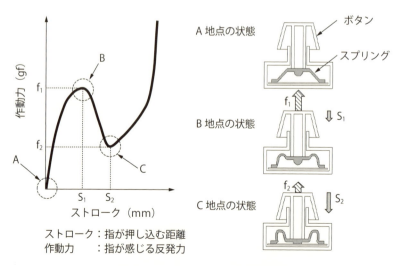

図2.3.1　スイッチの作動力特性

キーボード用のスプリングは、シリコーンゴムを1枚のシート状に成形加工したものである。このシートに反発力を持つ機能形状をまとめてつくり込む（約100個）（図2.3.2）。

一方、キーボードは全世界で使われているタイピング式の入力装置であり、US仕様、EU仕様、日本仕様などによりボタンの形状やレイアウトが異なっている。国によりボタンに印刷される文字も異なってくる。さらに各社の製品モデルによりデザインも異なるので、ボタンのレイアウトは製品モデルの数だけあると言っても過言ではない。

キーボード製品を構成する筐体やハウジング、ボタン、シート状スプリング、シート状スイッチなどは、いわば顧客からのオーダーメイド仕様なのである。したがって、製品モデルが生産終了となると、これら部品は他製品への流用もできないため同時に生産終了となる。

それではもったいない！　製品モデルとのつながりが密接な部品、たとえば製品デザインを具現化する筐体は外から見える部品のため流用できないのは仕方がないが、製品内部の外から見えない部品は何か上手く使うためのアイデアがあるのではないか。

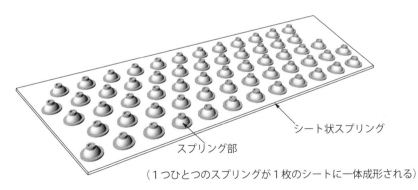

（1つひとつのスプリングが1枚のシートに一体成形される）

図2.3.2　シート状スプリング

キーボードという製品の本質はスイッチであるので、スイッチ性能と信頼性は抜群に優れている。性能と信頼性の実現については、内蔵されたスプリングとスイッチの働きが特に大きい。当然ながら機能部品としての重要性も高いので、製品モデルごとに設計と評価に十分な時間を掛けている。

もったいない理由はまだある。たとえば、スプリングは金型で成形加工される部品であるが、製品モデルが生産終了したとしても、金型の耐久寿命はまだ十分に残っている。製品の生産終了と同時に金型も終了となるのは、重箱に美味しい料理が残っているのに、捨ててしまうのと同じくらいもったいない。重要な部品であればあるほど、品質を設計して品質をつくり込んだ部品ならば、長く使えるようにすることも大切なのではないか。

そこで！

シート状スプリングを約100個の単体スプリングへ分離・分割することにした。ここに至るまでには「必要な機能を必要なところだけに付与する」という発想の転換が必要であった。と同時にこの発想を実現するために「必要となる要素技術を確立する」覚悟をも要した。

これにより、製品モデルごとにボタンレイアウトが変わったとしても、ボタンの真下に単体スプリングをレイアウトするだけで対応が可能となる（図2.3.3）。単体スプリングはどの製品モデルにも使え、効率良く生産するための専用金型を起工することにより、耐久寿命まで金型を使用できる。

結果

単体スプリングとすることは部品の標準化にもつながり、その効果は大きかった。①材料費を削減できた。従来のシート状スプリングでは隣接するスプリングをつなぐ部分の形状（＝重量）が必要であったが、単体スプリングではその部分が不要となった。②スプリングの生産能力が向上した。シート状で成形する金型は、サイズは大きいが1ショットで1シートまたは2シートしか加工できなかった。専用金型ではスプリングの単体形状だけで良いので、金型面に可能な限り多くのキャビティを形成して、1ショット当たりの加工数量を増やすことができた。

第2章　金型

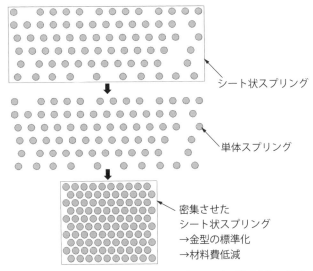

密集させて成形し、分離・分割して、各国配列に並べ直して使う

図2.3.3　シート状スプリングを単体スプリングへ分離・分割して使う

　さらに、③設計および評価時間を短縮できた。従来のシート状スプリングは、製品モデルごとに製作した金型で成形し、初期性能（荷重特性など）、耐久性能（1,000万回超のスイッチ性能）の品質検証が必要であった。単体スプリングは品質検証をすでに終えた部品（標準部品）であるため、改めて評価を行う必要もなく安心して使うことができた。

なぉ…

　要素技術の確立については、最初から見通しの立つ技術ばかりではなく、その意味で「単体スプリングによる工法」を確立する覚悟が必要であった。

　本工法の工程の流れは「専用金型による成形」→「プレス抜きで単体へ」→「単体を整列治具へ振り込み」→「単体へ接着剤塗布」→「シート状スイッチ面へ単体を貼付け」である。中でも、一見すると簡単そうな「プレス抜き」だが、シリコーンゴムは力を加えると変形するため、正しく切断する難しさがあった。また、シリコーンゴムは通常の接着剤ではつきにくい難接着の特性を持ち、対象とのしっかりした接着を実現するための加工技術を要した。

27

関連解説 1　シリコーンゴム

　シリコン（silicon）はケイ素（元素記号Si）であり、応用例は半導体ウェハーなどである。シリコーン（silicone）は、有機基のついたケイ素と酸素とが化学結合し、鎖状連結してできたポリマーである。両者はまったく別物である。シリコーンは、あらゆる産業分野で欠くことのできない高機能材料である。性状によりオイル、ゴム、レジンの3基本形がある。

　シリコーンゴムはミラブル型シリコーンゴムと液状シリコーンゴムに大別できる。どちらも機械特性、耐環境特性、耐久寿命などに優れた特性を持ち、キーボード用のスプリングとしても使用されている。

　ミラブル型シリコーンゴムの成形法はいくつかあるが、キーボード用としては圧縮成形による加工を採用した。熱した金型の間に半練り状のゴムを入れ、上下の金型ではさんで圧縮し、ゴムを熱硬化させる方式である。熱反応型の成形であるので、成形サイクルは比較的長い（2分前後）。そのため1回の成形で多くを加工できる必要があり、金型は単体スプリングの多数個取り仕様となる（400個または800個など）。これをプレス抜き後に2次加硫する（高温の槽に一定時間入れ、加硫剤の分解生成物を除去する）（図2.3.4）。

　液状シリコーンゴムは、硬化反応の型により縮合型、付加型、UV硬化型に大別される。キーボード用としては付加型シリコーンゴムを射出成形する加工を採用した（液状射出成形法：Liquid Injection Molding、略称はLIM）。主な特徴として、①硬化時間が短いことで成形サイクルを短縮でき生産性が向上、②硬化の際に副生物が発生せず、2次加硫が不要。LIMに使う材料は主剤と硬化剤の2成分から成り、それぞれ1：1の割合で自動に計量・混合し、射出する。成形後の離型をロボットなどで行えば、一連のシステムを自動化できる（図2.3.5）。

第 2 章　金 型

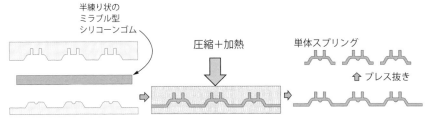

（熱硬化性材料は加熱により硬化する）

図2.3.4　圧縮成形の一例

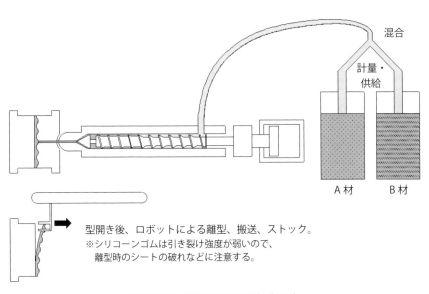

図2.3.5　液状射出成形法（LIM）

金型4　つくり方を変えて部品の種類を減らす

着眼▶
製品のつくり方はただ1つではない。性能はそのままでデザイン自由度を増し、部品種類が減り金型起工数を減らせるつくり方もある

背景

プレゼン資料の作成や報告書の作成など、1日の中でパソコンを使う時間は少なくない。「パソコンを使う時間」は、「キーボードやマウスを操作する時間」であると言っても過言ではない。それだけに短時間での使いやすさに加えて、疲れにくく入力ミスもしにくいなどの人間工学的な配慮が製品設計に求められる。

通常

キーボードは、JIS Z 8514（人間工学）のガイドラインに沿って設計されるが、実際はここに記されていないドラフトの設計指標や業界標準なども加味して設計されている。

操作性における指標の1つに、「ボタンを操作する仮想面をR300（半径300）とする」がある。これは、キーボードを側面から見たときのボタンの頂点を結ぶ仮想線が、R300の弧を描くように設計するということである。R300は、手の指の曲げ伸ばしの半径と調和して使いやすいのである（図2.4.1）。

R300となるように各列のボタンの側面形状を決めると、おのずと各列（操作手前がA列、奥側がF列）側面は異なる形状となる。操作する側から見ると、同じサイズであるボタンも列が違えば形状違いの部品となる。これらの各列のボタンを筐体ハウジングへ挿入し、キーボードをつくるのが一般的なつくり方である（図2.4.2）。

しかし？

R300の指標により、つくり方への制約が大きくなっている。製品1台をつ

第 2 章　金型

操作性：a＜b＜c

図2.4.1　キーボードの操作面と使いやすさ

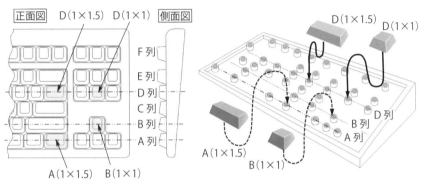

(a) 正面図で同形状でも列が異なれば別形状となる

(b) 各々のボタン形状を正しい個所に組み立てる

図2.4.2　キーボードの列によるボタン形状の違い

くるための部品構成を見ると、部品の種類が非常に多いことがわかる（**図2.4.3**）。ボタンは成形部品であるため、その種類だけ金型を起工しなければならない。部品種類や金型数量が増えると、製作の費用だけではなくさまざまな場面で管理コストも増える。また組立の視点では、似たような形状であっても仕様の異なる部品であることから、違う列への組み間違いも起こりやすい。

　ボタンの側面形状をすべて同じとすれば、ボタンの種類を減らすことはできるが、R300を保てなくなる。R300保持と部品種類減の両方を成り立たせる解決法はないものか。

　ボタン操作面がR300となるように、ハウジングを曲げることにした。従来

31

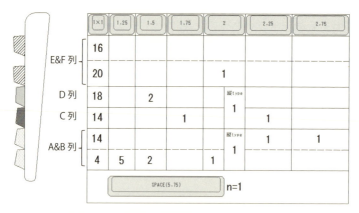

A列とB列の側面形状は同じため個数は合算可能。（A列の1×1形状のボタンは18個）
同様にE列とF列も側面形状は同じ（E列の1×1形状ボタンは36個）

図2.4.3　ボタン部品の構成（US向け仕様の一例）

のハウジングは平面で、ボタンの摺動は各列で同じ向き（ベクトルが同じ）であったが、ハウジングを曲げることによりボタンの摺動は各列で放射向き（ベクトルが異なる）となる。ハウジングを曲げていることから、ボタン形状を各列で同じ形状としても操作面のR300を保持することができる。

結果

ボタンの操作面をR300とし、かつボタン部品の種類を大幅に減らすことができた（**表2.4.1**）。金型数量や管理コスト、組立間違いを減らす波及効果も大きい。

ハウジングにRをつけて曲げるというアイデアを実現するため、トレードオフとなる事案もあった。従来はデザイン筐体とハウジングは一体で成形していた。しかし、ハウジングを曲げた状態のままで筐体と一体成形はできなくなった。曲げることにより摺動穴が放射向き（アンダーカット）となり、一体で成形しようとすると複雑な金型構造となるからである（**図2.4.4**）。

そこで、筐体とハウジングを別部品に分けることにした。ハウジングは平面

第2章 金型

表2.4.1 R曲げ方式によるボタン種類の削減

【ある製品のUS仕様のボタン構成例】

方式	列	ボタン形状（数字は製品1台で使用される部品個数を示す）									部品種類の総数
		1	1.25	1.5	1.75	2	2(縦)	2.25	2.75	5.75	
従来	E&F	36				1					16
	D	18		2			1				
	C	14			1			1			
	A&B	28	5	2		1		1	1	1	
R曲げ	共通	96	5	4	1	2	2	2	1	1	9

1）部品の種類が減ると、モノづくりの諸場面で管理工数を削減できる（コストダウン）
2）部品の種類が減ると、起工する金型数を減らせる（コストダウン）

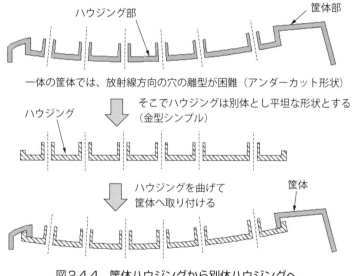

図2.4.4　筐体ハウジングから別体ハウジングへ

で成形し、組立の段階で曲げることにした。曲げた状態を保持するために、従来の平板の鉄板を使う代わりにRをつけて曲げた鉄板を使ったのである。ハウジングとねじ締めし、R形状を保持したモジュールを構成した。

関連解説1　薄型化の波及効果

ハウジングのR曲げは、部品種類を減らす効果だけではなく、製品を薄型化する効果もあった（図2.4.5）。

関連解説2　ハウジングを曲げる留意点

各列にはボタンがあり、スイッチとしての機能構造がある。1カ所ごとにスイッチのハウジング形状は精度を保つ必要があり、曲げることで変形などが発生しては困る。

そこで、ハウジングを曲げたときに、各列のつなぎ目に曲げの変形がそこへ集中するような工夫をした。各列の境目に溝をつくり、その溝部で変形（曲げ）となるように薄肉となる設計をしたのである。これにより、曲げを行ってもハウジングの機能形状部への変形影響は発生しないようにした（図2.4.6）。

関連解説3　大型成形品の形状精度をつくる

ハウジングのサイズはおおよそ150×450mm程度である。ここに約100カ所の摺動形状がつくり込まれる。それぞれがスイッチであり、どのスイッチも性能と耐久寿命は仕様を満足しなくてはならず、いずれの形状も高い精度が求められる。中央だけでなく周辺部までも精度を出すために、金型構造は3プ

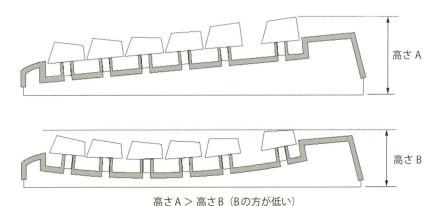

高さA＞高さB（Bの方が低い）

図2.4.5　R曲げによる製品の薄型化効果

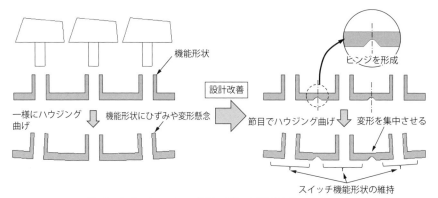

R曲げにより、各スイッチ機能形状へ影響が出ないようにする

図2.4.6　ハウジング曲げの留意点

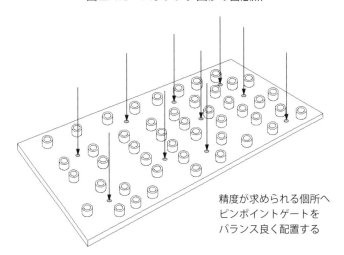

図2.4.7　複数のピンポイントゲートで周辺部の高精度形状対応

レート構造とし、樹脂が均等に行きわたるように、10カ所程度のピンポイントゲートを設定した（**図2.4.7**）。

　これだけの形状と寸法の精度が必要であるため、デザイン筐体とハウジングを別部品とした方が品質をつくりやすい。一体とした場合は、金型は1つで済み、成形も1度で済むが、筐体品質を良くする成形条件だとハウジング形状精度を出せないという事態が実際にある。

金型5 共通仕様をくくり出して金型数量とコストを減らす

着眼▶
バリエーション豊かな製品は、それぞれ異なる製品だが共通仕様を含んだ製品でもある。この切り口で上手いつくり方がありそうだ

背景

　パソコン用キーボードは、一見するとどれも同じように見えるが、実際はバリエーション豊かな製品である。キーボードの仕事を受注した場合、パソコン本体は全世界対応であるため、キーボードも全世界対応で設計しなくてはならない。

　全世界対応とは、各国で使用されている標準仕様のキーボードにそれぞれ対応してつくるということである。各国で使われるキーボードが異なる点は2つで、①ボタンのレイアウトが異なる（5種類に大別）（図2.5.1）、②各レイアウトにおいてボタン天面に印刷される文字が異なる（欧州は国の数が多いため言語の種類も多い）（図2.5.2）。

本来は世界の地域におけるレイアウトと呼ぶのが適切である

図2.5.1　各国キーボードの異なる5つのレイアウト

第 2 章　金 型

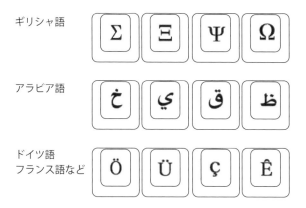

図2.5.2　各国言語に対応した文字表示の例

　ハウジングはレイアウトに対応してつくる部品であるため、ハウジング仕様は5種類必要となる。ハウジングは成形してつくるためで、ハウジングの金型も5種類必要となる（**図2.5.3**）。

　ハウジング1型の製作費は高額であり、それが5型となると金型だけで予算を使い果たす勢いとなる。しかも、レイアウトごとに等しく受注数があれば良いが、受注数が極端に少ないレイアウトがあるのも実態である。それでも5型をすべて製作しなくてはならないことに、何か大きなムダを感じる。ムダならばこれを減らす対応策はないものか。
　部品仕様を共通化して、金型数を減らすことはどうだろうか。しかし、レイアウトが異なることはボタンを挿入する穴位置も異なるということだから、1つの部品で2つの仕様を共用するのは物理的に難しい（**図2.5.4**）。

　視点を変えて、ツールである金型側で共通化できないか可能性を探った。元はと言えば、ボタンレイアウトが異なるだけの製品バリエーションである。仕

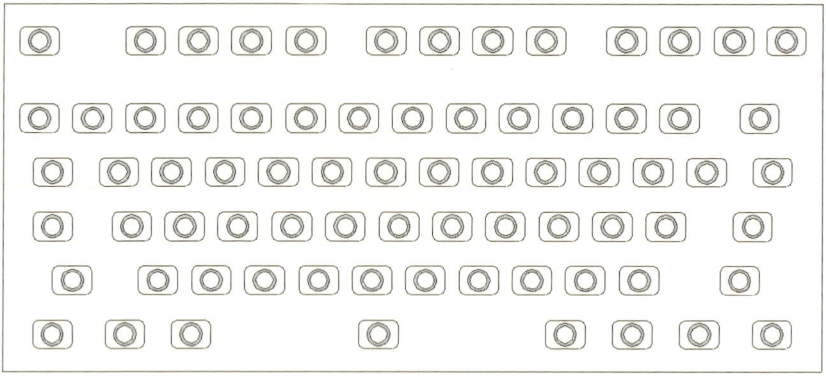

本図はハウジング仕様（US）の例　◎形状はボタンの挿入穴

図2.5.3　各国レイアウトに準じたハウジング仕様

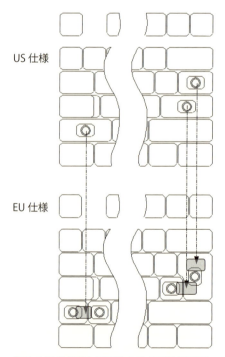

挿入穴形状が重なり干渉するので兼用不可

図2.5.4　1つのハウジングで2仕様の兼用化検討

様がまったく異なるわけではなく、むしろ似た部分の方が多い。

5種類のボタンレイアウトを冷静に眺めると、共通するエリアがあることに気づく（図2.5.5）。このエリアをハウジングの共通部（仕様が同じ部分）としてくくり出し、残ったエリアはハウジングの変動部（特徴的な部分）と位置づける。そして、この共通部と変動部の境界線で金型そのものを切断して分離するのである。

共通部の金型をAとし、変動部の金型をB1～B5とすると、ハウジング1仕様の部品はA＋B1を組合せた金型で成形できる。ハウジング2～5仕様の部品の成形も同様である（図2.5.6）。

ボタンレイアウト1～5に対応するハウジング専用型としなくても、共通部と変動部に分けた金型を組み合わせることにより、各ハウジングを成形してつくることができた。専用型としなくて済むことにより、製作すべき金型数と費用を抑えることができた。

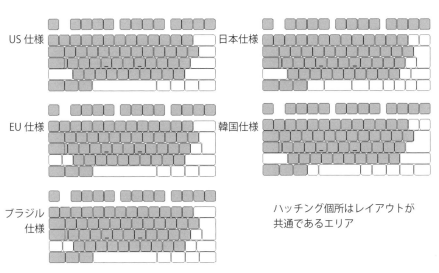

図2.5.5　各レイアウトにおける共通仕様エリア

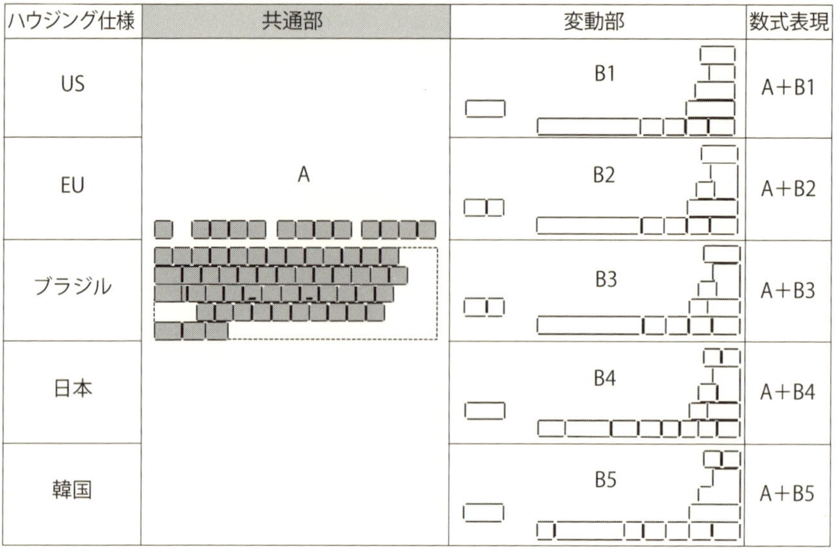

ハウジング仕様	共通部	変動部	数式表現
US	A	B1	A+B1
EU		B2	A+B2
ブラジル		B3	A+B3
日本		B4	A+B4
韓国		B5	A+B5

図2.5.6　ハウジング型を共通部と変動部の組合せでつくる

なお…

　共通部Aのエリアが小さい場合は、変動部のエリアが大きくなり、抑制できる金型数と費用の幅は小さくなる。このような場合、変動部へ視点を移し、変動部同士に共通仕様がないかを探ると有益である。いくつかの変動部（たとえばB1とB2、B3）に共通項が見られ、B1＝B（共通部）＋C1（変動部）、B2＝B＋C2、B3＝B＋C3と金型を切り分けることができれば、ハウジング1および2、3を成形する変動部の金型はBおよびC1、C2、C3の型製作だけで済むことになり、製作時間も費用もかなり抑制できる（図2.5.7）。

　金型製作費を最小化するための金型切り分けを、最初から考えておくことも有効である（図2.5.8）。金型切り分け仕様は、ハウジングの部品図面に入れるべき種類の仕様ではないため、どこを切り分けるとよいかは製品設計者が間違いのないように決め、金型打合せの場で金型設計者とよく取り決めることが一般的である。

第 2 章　金　型

ハウジング仕様	共通部	変動部			数式表現
		準共通部	変動部		
US	A	B	C1		A＋B＋C1
EU	A	B	C2		A＋B＋C2
ブラジル	A	B	C3		A＋B＋C3
日本	A		B4		A＋B4
韓国	A		B5		A＋B5

図2.5.7　変動部の中の共通仕様を探す

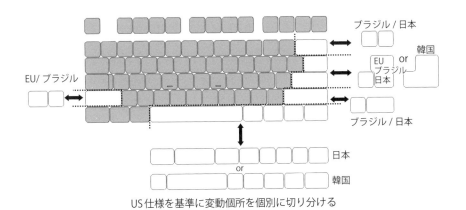

US仕様を基準に変動個所を個別に切り分ける

図2.5.8　金型製作費を最小化するための切り分け（入れ子）

関連解説1　専用型が良い場合

　共通部と変動部で金型を切り分ける方法は、バリエーションが多い製品への対応方法として効果がある方法である。しかし、共通部をくくり出すことができるからと言って、切り分けることがすべて良いかというとそうでもない。量産では、バリエーションの中で受注数量が多い仕様が初めからわかっている場合がある。受注数量が多いならば、その仕様に特化した専用型をつくって生産した方が品質も安定するし、金型を切り分ける手間も費用もかからずに済む。

関連解説2　ペア取り、セット取りで金型をつくる

　そもそもボタンのレイアウトが異なることによる影響は、ハウジングだけではない。レイアウト違いによりボタン形状も異なり、結果としてボタンの形状種類が増える。

　ボタンの金型では、2個取りまたは4個取りなどのような多数個取りの金型とするのが基本である。しかし、それでは形状の種類の数だけ金型を製作しなくてはならない。そこで、製品全体に使用されるボタンの形状種類と個数を調べ、使用個数が同じ形状同士をペアで1つの金型につくり込む。すると、1ショットの成形で製品1台に必要な部品（2種類または3種類など）が揃う（図2.5.9）。

　留意すべきは使用個数が同じであることに加えて、可能な限り形状サイズや仕様レベルが近い部品を選ぶことである。この差が大きいと、両者の成形品質を同時に確保することが難しくなり、安定品質は得られない（図2.5.10）。

※ペア：2つの組合せ。同じ形状のペアまたは形状違いのペア。
※セット：3つ以上の組合せ。成形品質を確保できる組合せ。

第 2 章　金型

製品番号	ABC1986A
部品名	構成数
ボタン P	1
ボタン Q	2
ボタン R	3
ボタン S	4

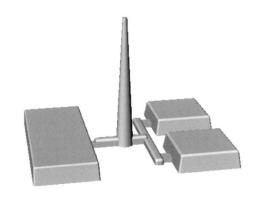

ボタンPとQあるいはボタンQとSの組合せは、ともに個数の比率が1対2である。図のようなペア取り金型の設計とすれば、ちょうど良い数量で生産できる

図2.5.9　金型の生産仕様

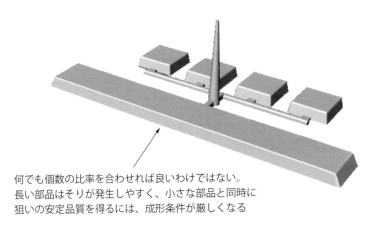

何でも個数の比率を合わせれば良いわけではない。
長い部品はそりが発生しやすく、小さな部品と同時に
狙いの安定品質を得るには、成形条件が厳しくなる

図2.5.10　形状サイズや仕様が違い過ぎると安定品質が得られない

金型6 スナップインフックの取付強度をアップする

着眼▶
取付強度もあって外しても壊れないフックを設計する。現状フックの試作データをもとに、時間と金を掛けずに強度アップの改善をする

背景

キーボードのボタンは、筐体ハウジングのモジュールへ挿入組立される。次は挿入した全ボタンの中間検査を行い、キズや異物、黒点などの外観不良が見つかると、不良ボタンを外して良品ボタンと取り替える。

次の工程では、ボタンの天面に各国向けに文字印刷される。最終の外観検査では印刷不良、キズ、汚れなどがないかを検査して、不良が見つかると、ボタンを外してすでに印刷してある良品ボタンと取り替える。ボタンは、組立後には容易に外れない設計でなくてはならないが、同時に工程内で外すことを前提にした設計でもなくてはならない（図2.6.1）。

通常

外れない設計と外れる設計を満たすために、スナップイン・スナップアウトのフック構造のボタン設計をする（図2.6.2）。この際に外れない（製品性能

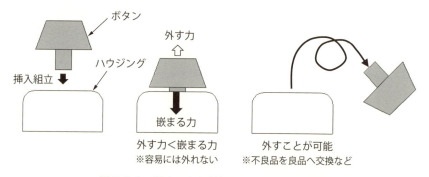

図2.6.1　外すことを前提にした外れない設計

第 2 章　金 型

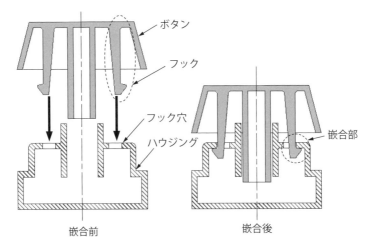

図2.6.2　スナップイン・スナップアウトのフック構造

上)、外れる（製造工程上）という機能に加えて、組立性の要求から挿入しやすい（挿入組立性）フック設計をする。

　フック設計で難しいのは、フック強度がいくつもの設計パラメータにより決まることである（図2.6.8に詳述）。形状だけでなく、材料物性によっても変わる。フック設計の良し悪しは試作により検証する。たとえば、フック強度が目標の70%にしか届かなかった場合、設計仕様を再検討して目標を100%クリアする量産のフック仕様を決めなくてはならない。

しかし？

　量産のフック仕様を検討する時間がない。フック仕様を決めるには、フック形状の設計パラメータをいろいろと試すことが必要であり、それには時間がかかる。

そこで！

　安定して強度アップを図るために、1つの思考実験を行った。それは現状のフックで安定成形できているならば、その形状を出発点にして、短時間に確度高く量産仕様に到達しようとする考え方である。

45

フックの金型仕様を調べると「無理抜き」構造であった（図2.6.3）。現在、無理抜きで成形できているという事実は大きな情報である。フック強度を向上させるためにフック厚み（梁厚み）寸法を大きくすることで、確かに梁強度が向上することは望める。その代わり、無理抜き時に必要なたわみ変形に堪えきれずに折れる可能性がある。折れなかったとしてもフックの根元にクラックなどの割れが発生する可能性もある（図2.6.4）。

別な方法としては、フックの掛かりを大きくすることがフック強度向上に有効である。そのためにフックの飛び出した部分の寸法を大きくすることになるが、これは梁のときと同様に、離型時のたわみ変形に堪えきれずフックの損傷につながる（図2.6.5）。これらは最初の試作の情報を活かさずに、新規の形状で対応しようとするからである。現在のフックは、強度こそ不足するも無理抜きで成形はできているので、離型時のたわみ変形量は問題なし。であるならば、フック厚みも飛び出し寸法も変えないで解決する方向で考える。

「フックの幅」というパラメータを変えると、強度や離型性にどのような影響があるだろうか。現行のフックを2つ平行してつくることを考える。1つの

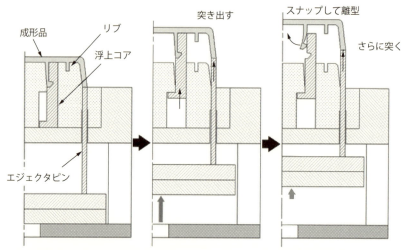

出典：小松道男「プラスチック射出成形金型設計マニュアル」、P94（日刊工業新聞社）をもとに作成

図2.6.3　フック成形の金型構造（無理抜き）

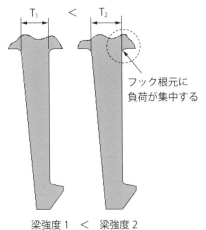
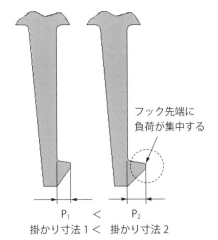

図2.6.4　フック厚みの効果と影響　　図2.6.5　フック飛び出しの効果と影響

　フックのたわみ変形による強度は目標の70%である。2つ平行して並ぶのだから、ばねが2つ並列したのと同じ考え方となるため、たわみ変形量（ばねの伸び長さに相当）が同じでも強度は目標の140%（＝70%×2）となるはずである。

　平行したフック間の隙間は、空けても詰めても結果に変わりはなく、隙間をなくしても良いはずだ。そうすると2つのフックを合体させることになり、フック幅が2倍である1つのフックを形成することと同じとなる。離型性については、離型できている2つのフックが、隙間をどんどん詰めていっても離型可能なことにより、隙間ゼロ（＝1つの幅広のフック）でも離型可能であることには変わりはない（図2.6.6）。

結果

取付強度は向上し、目標をクリアすることができた。

なお…

　思考実験だけで目標をクリアするフック幅を決定するのではなく、金型設計ともよく相談をし、量産展開可能なフック仕様としなくてはならない。そのた

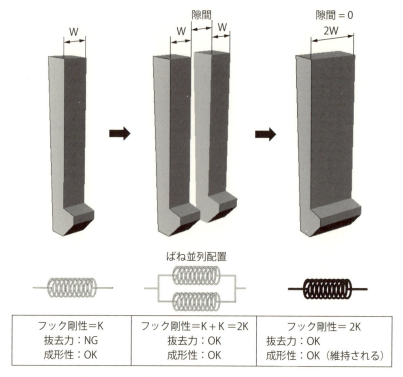

図2.6.6　離型実績を活かした強度アップの思考法

めには試作金型で効果検証を行うことが重要である。

　通常は取付強度が向上すると、連動して組立時の挿入力も高くなり、組立性が悪くなる。これはフックの梁剛性が高くなってしまうためだ。そこでフック先端部の形状を工夫して、挿入する穴面と形状面とのなす角度を小さくした。この角度が小さいほど挿入力は小さくできる。

　しかし、角度を小さくするとフックの先端が長くなるので、スイッチ仕様への影響がない範囲までということになる（**図2.6.7**）。設計者は、対処する内容が他の何へ影響を及ぼすかを常に考えなくてはならない。改善対処も過ぎれば悪影響となる。今回の事例では、フックの幅が増えたことにより、受け側のハウジング穴の幅も全個所で大きくしなければならなかった。

第 2 章 金型

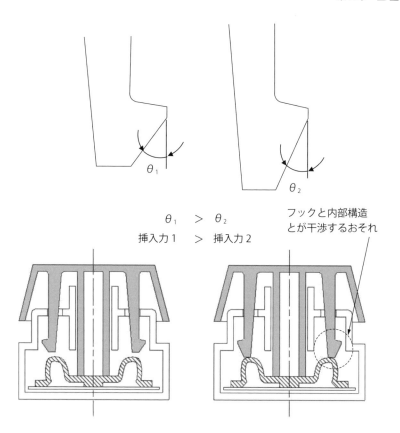

図2.6.7 フック先端形状と形状干渉

関連解説1　フック設計パラメータと効果

フック設計におけるパラメータは、①樹脂仕様、②厚み、③幅、④長さ、⑤根元R、⑥飛び出し長さ、⑦引っ掛かり角度、⑧ストレート長さ、⑨挿入角度（前面、側面、背面）がある（図2.6.8）。フック先端の4つの面に角度がついていると、フックと穴とのクリアランスが小さくてもセルフアライメントされ挿入しやすい（図2.6.9）。

関連解説2　抜去力の安定性

幅を変えた方が、抜去力（フックを引き抜く際に要する力）は線形で変化するので安定する（チューニングもしやすい）。フック先端飛び出し長さでは、抜去力変化は線形とならずバラツキも大きい。（図2.6.10）

関連解説3　フック挿抜の繰り返し強度

フック挿入と取り外しを「フック挿抜」と呼び、フック引き抜き力を「フック抜去力」と呼ぶ。組立工程では、何回かのフック挿抜を前提としている。何回かのフック挿抜によりフック形状が変形して、望むフック抜去力が得られな

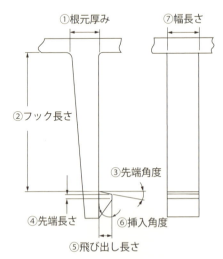

設計パラメータ	機能	効果
①根元厚み	抜去力	厚いほど強くなる
②フック長さ	抜去力	長いほど弱くなる
③先端角度	抜去力	小さいほど強くなる
④先端長さ	抜去力	長いほど先端形状の堅牢性高くなる
⑤飛び出し長さ	抜去力	長いほど強くなる
⑥挿入角度	挿入力（組立性）	小さいほど挿入組立しやすい
⑦幅長さ	抜去力	長いほど強くなる（比例）

図2.6.8　フック設計パラメータと効果

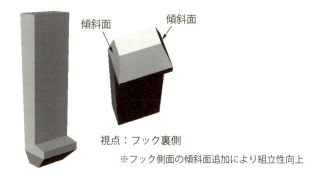

視点：フック裏側
※フック側面の傾斜面追加により組立性向上

図2.6.9　フック先端形状と組立性（挿入容易性）

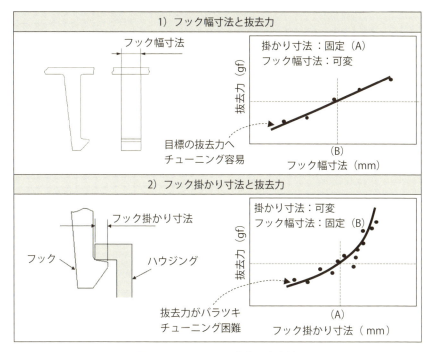

図2.6.10　フック強度の安定性

くなるのでは良い設計とは言えない。そこで挿抜回数を最大10回程度想定して、1回目から10回目の抜去力を測定し、10回目でも目標の抜去力を満足するような設計をした。

金型7 透明材料はデザインに気をつける

着眼▶
製品の透明化は、それだけでデザイン要素がある。つくり手の苦労の跡も見えるようになるが、デザインにとってはお呼びではない

背景

　パソコンの利用が会社の仕事の用途が主流であったころ、パソコン本体の形状はモデルチェンジしても代わり映えせず、色調についても黒系統か白系統のどちらかであった。仕事で使うのが主目的であったので、そこに遊びの要素は必要なかったのであろう。

　パソコンがそうなら、付帯するキーボードも然りであった。しかし、海外の顧客より興味深い企画の話が舞い込んだ。パソコンにデザイン要素を吹き込んだ、従来にはなかった斬新なデザインで構成するというものだった。パソコン本体とディスプレイは一体デザインとなり、付帯するキーボードやマウスも今までになかった発想のデザインである。こんなおもしろいモノを考える人たちがいるのかと思った。共通するのは、透明なデザインである。

通常

　キーボードの設計においては、外から見える部分は外観面となり、形状デザインや表面仕上げ、印字品質に神経を使う。その代わり、製品の内側は機能や性能を発揮することが主体となるので、それを優先した形状や仕上げで十分であった（図2.7.1）。

　たとえば、ボタン部品の成形においては、離型の際にボタンのどこの個所を突き出すかを決めるが、ボタン形状裏面の四隅を丸ピンで突き出すことが多い。この個所を突き出すことにより、製品設計者が最初に決めた設計形状にはなかった形状が、ボタン裏面の四隅に形成される（図2.7.2）。ボタンの性能に影響がない範囲であれば、このような形状がついたとしても問題はなく、まし

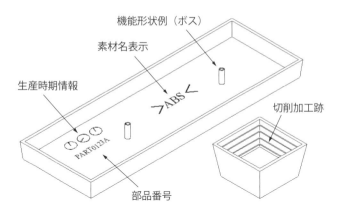

図2.7.1　機能・性能を優先した成形品裏面の仕上げ例

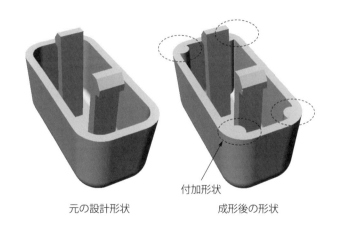

図2.7.2　丸ピン突き出しにより形成される付加形状

て外から見えない形状ならば使用者はまったく気にならない。

　成形材料が透明となると、話は別である。実際にボタンの成形に使われた樹脂は、濃いグレーを透明にした（半透明）材料であった。色調を持った半透明材料であったため、特徴の1つはボタンの内部構造が見えること。2つめは、ボタンの肉厚の厚くなっている部分と薄くなっている部分とで、色調の見え方

が異なることであった（図2.7.3）。

　透明なガラスを何枚も重ねると光の透過度が落ちて、向こう側が暗く見える効果と同じような見え方である。これについては顧客から、「半透明の色調が全体的に均一であることが、この製品デザインの重要なところである」と告げられた。ただし、キーボードを成り立たせる機能形状は見えても仕方がないが、部品をつくるためだけに要した形状はなくして欲しいとのことであった。

　それまでは、成形品の色調品質は樹脂材料にだけ注意していればよかったのだが、金型仕様が色調品質に関わるとは考えてもみなかった。と同時に、顧客のデザイン細部に対するこだわりの高さをも感じた。

そこで！

　従来個所の突き出しをやめて、ボタンの天面ウラ側に丸ピン4本で突き出すことにした（図2.7.4）。突き出し力は確保しながら、ピン個所の突き出し圧力があまり高くならないように、少し大きめのピン径とした。

　また、ピンとコアの面を合わせて成形後の段差が発生しないようにした。段差があると肉厚の差となり、色調品質につながるからである。

結果

　成形品の色調は均一な半透明となり、顧客からもOKが出た。

なお…

　透明化には、金型仕様上の落とし穴があった。金型面の仕上げである。

　キーボード外観は鏡面仕上げが要求されており、筐体ハウジングの金型は、通常はキャビティ型の仕上げは目標レベルにまで磨き上げるが、コア型（筐体ハウジングのウラ形状）側は外から見えないため磨き上げの必要はない。しかし、透明かつ鏡面となると内側の形状が丸見えとなることから、コア型の仕上げもキャビティ型レベルの磨きを要した。仕上げ費用と時間、金型メンテナンスもすべて2倍を要した。

図2.7.3　透明系材料では厚肉部が濃く見える

※ピンの成形品への食い込み、出っ張りに注意する

図2.7.4　天面ウラ側へ突き出し個所変更

関連解説1 突き出しについて

　金型を開いて、コア型に貼り付いた成形品を突き出し、剥がすように取り出す。こうして成形品は離型する。

　成形品の突き出し方にはいくつかの種類がある。ピン、角、スリーブ、プレート、エアー、特殊形状などだ（**図2.7.5**）。

　ピン形状による突き出しでは、ピン径が太すぎても細すぎても良くない。太すぎると周囲の肉厚バランスがくずれ、「ひけ」となる。細すぎると、同じ力で突き出してもピン部の圧力が高くなり、成形品の陥没や変形、白化、形状メクレなどが起きやすい（**図2.7.6**）。

　成形品のどの個所を突き出せば良いか。溶融樹脂が金型内で冷却され体積収縮することにより、コア型に貼り付くことから、貼付力（離型抵抗）の大きくなるところで突き出すのが基本である。たとえば、強度不足のためにリブを追加した場合などは、リブ側面により金型と接触する面積が増えるため離型抵抗

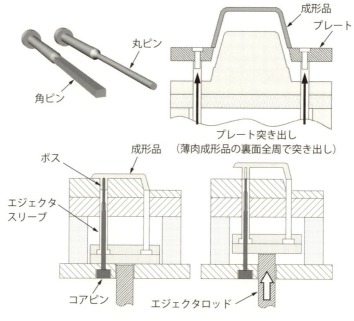

図2.7.5　突き出し方の例

第 2 章　金型

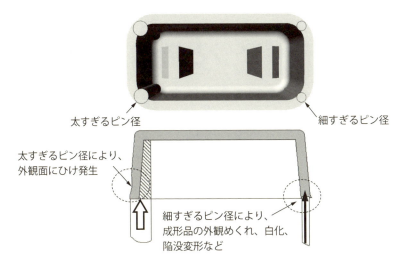

図2.7.6　突き出しピン径による変形などの影響

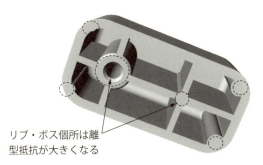

図2.7.7　離型抵抗が大きい形状への突き出しピン配置

は増大する（**図2.7.7**）。ねじ締め用のねじボスをつくった場合なども、ボスの外と内側で金型との接触面積が増える。なお、ねじボスなどの場合は、エジェクタスリーブにより突き出すのが普通である。

　突き出しピンの跡を目立たなくしたい場合は、どのような処置方法があるか。透明な成形品の場合、外観からピン跡が見える個所にラベル（製品ラベル、ブランドマークなど）を貼る方法がある。あるいは、リブ形状が成形品全体にバランスしてレイアウトされている場合は、リブ形状に合わせた形状で特殊突き出しを行うようにして、突き出し跡を目立たなくする方法もある。

金型8 デザインと機能設計

着眼▶
デザインと機能を合わせ持つ成形品は、両者をバランスさせる設計が重要である。性能が過ぎてデザインに影響してはならない

背景

ほとんど意識されないかも知れないが、キーボードのボタンは人が使うこともあり、見た目や操作性に配慮したデザイン要素が多く取り入れられている。同時にキーボードはスイッチの集合体であり、1カ所ごとのボタンにスイッチ機能（電気回路）が仕込まれている。したがって、ボタンは「デザイン」と「機能」を合わせ持つ1つの小さな製品であるとも言える。

通常

キーボードのボタン設計においては、デザイン設計と機能設計のそれぞれの要件に基づいて設計される。デザイン設計では、ボタンの天面形状（大きさ、面のR、面の傾角など）を人間工学的要素も加えながら決めていく（図2.8.1）。一方で機能設計では、スイッチ機能を十分に果たせるようにボタンの下部のスイッチ構造を決めていく（図2.8.2）。

双方の設計がある程度進んだところで、2つをドッキングさせる。ドッキング部形状の整合性を図りながら、1つのボタン部品の仕様が完成するのである。1つの部品に、デザインと機能をつくり込むには射出成形は適した工法である。専用金型を製作して、あとは成形加工するだけである。

しかし？

成形後にボタンの天面にうっすらと模様が現れた。「ひけ」が発生したのである。ボタン天面厚とボタン軸厚との関係が起因しているようだ。ボタン軸厚は決して大きすぎるものではない。

第 2 章　金 型

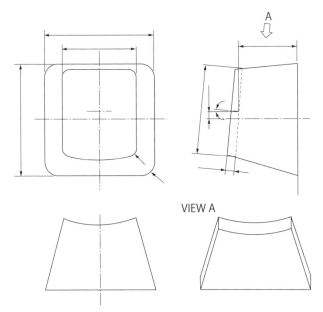

ボタンの面に指をすべらすように押下しやすい（シリンドリカル形状）

図2.8.1　人間工学的な要素を配慮したボタンのデザイン設計の一例

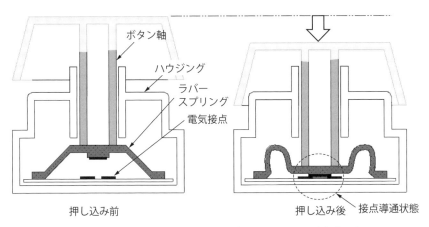

押下したボタン軸がしっかりラバースプリングを押して接点導通する

図2.8.2　機能を考えてスイッチの内部構造を決める

スイッチ機能の安定にはラバー部品をしっかり押し込む必要があり、そのためにはラバーを押す軸の底面積を大きくするとよい。この底面積を稼ぐために一定の軸厚となった（図2.8.3）。軸の底面積が小さくなると、ラバーを押す圧力が高くなり、ラバー寿命（切断）への影響も増える。

ひけが発生していないボタン形状の肉厚を調べて、天面厚と軸厚の基本関係寸法を決めた。天面厚をTとした場合、軸厚は最大0.7Tまでであれば、ひけの発生はまぬがれそうだとのことがわかった（図2.8.4）。

一般的に言われている「0.4T～0.6T」よりも、少し厚めの軸厚とすることができた。軸厚はラバーをしっかり押すという機能本質に関わるところであるので、ここで決めた寸法を他のボタン形状へも水平展開することにした。

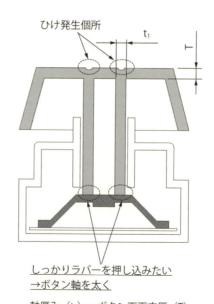

図2.8.3　ボタン軸厚みとひけ

第 2 章　金 型

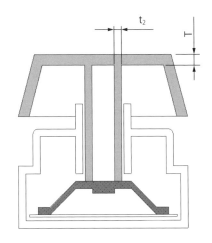

ひけなく、しっかり押し込める軸厚みを検討

軸厚み（t_2）≦ 0.7 × ボタン天面肉厚（T）
→「ひけ」解消

図 2.8.4　適正な肉厚関係

キーボードのボタン形状は種類が多くあったが、すべてのボタンにおいてひけの発生は見られなくなった。スイッチの機能も十分果たし、信頼性も満足できた。

形状寸法によるひけ要因は減少させることができたが、金型による要因、成形条件による要因、樹脂材料による要因によってもひけが発生することはあり、部品図面の仕様を適切にしたからといって油断は禁物である。

金型9 見た目だけで安心するのは早すぎる

着眼▶
中が詰まった形状と空洞がある形状とでは、後者の方が機械的な強度が劣る。成形品も同様だが、外から中の状態がわからない

背景

部品に求められる特性（物理的、機械的、熱的、電気的、化学的、光学的など）を満足するために適切な素材を選定し、必要な形状および寸法を検討して部品図へそれらを反映する。素材を樹脂材料とした場合には、指定した成形法で部品図の仕様通りとなるように成形加工される。

通常

部品図には、設計検討をして決めた樹脂材料（例：ABS、標準グレード）を指定して、3面図で描いた形状に必要な寸法、および注記により図以外の仕様を指示する。その他に、一連の工程（例：射出成形法→塗装）、一般公差表などもある。部品の形状の一部で機械的な強度を高めなくてはならない個所は、厚肉にして実現を図ることが多い。材料力学による計算や応力歪ひずみ静解析により、必要肉厚を決めることもある。

しかし?

これらの計算や解析で求めた肉厚は、成形品の内部に空洞はなく、樹脂が密に詰まった状態を前提としたものである。成形品の内部に空洞があれば、計算の前提が崩れる。通常ならば樹脂の体積収縮により成形品表面のひけとなるものが、金型温度や成形の条件が重なって、収縮する体積分が成形品内部に空洞をつくる場合がある。

強度アップを図るために厚肉とするのだが、皮肉にも厚肉部で樹脂の体積収縮による空洞が発生しやすい。これは「ボイド」と呼ばれるものであり、成形

品内部に発生したひけである（**図2.9.1**）。透明樹脂を使用した成形品であればボイドの発生個所は一目瞭然であるが、一般に使用されるのは不透明な樹脂であり、見た目にはボイドの発生有無がわからずやっかいである。強度など関係のない部品であればそれでも構わないが、部品のある部位に力が作用し、その力によりボイド発生部に応力が繰り返し発生するような設計では、使用途中で折損事故を起こす可能性がある（**図2.9.2**）。

ボイド発生に気づかなかった場合は、工程検査では検出できず、信頼性評価もすり抜け、出荷後の市場で故障や事故となるかも知れない。このようなことは、あってはならない事態である。

そこで！

ひけやボイドを発生させない基本に立ち返った設計をする。成形品の用途により基本肉厚はそれぞれであるが、肉厚は厚すぎず、均一な厚さとなるように設計をする。偏肉（肉厚が厚すぎたり薄すぎたりする偏りのある状態）個所は、厚すぎない均一な肉厚とする。それで強度的に不足するならば、リブで補強できないかなど別な設計案を検討することにした（**図2.9.3**～**図2.9.5**）。

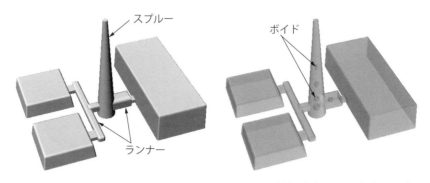

1) 不透明樹脂（ボイドなど内部は見えない）　　2) 透明樹脂（ボイドの発生が見える）

※太く厚肉に設計されたスプルーやランナーの内部にボイドは発生しやすい
※成形品の厚肉部でも条件次第でひけ、またはボイドが発生する

図2.9.1　ボイドの発生しやすい個所

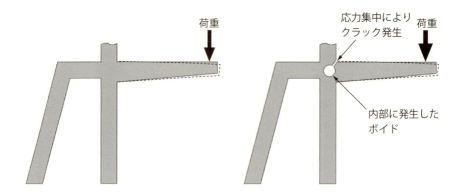

設計者はボイドなどはないものとして強度計算している

※不透明な材料だと、内部のボイド発生状況は見えない

狙いの設計強度を満たさず、想定以下の荷重で発生したクラックが徐々に進行し、最終的に折損する

※透明材料で成形または厚肉部を切断してボイド有無を調べる

図2.9.2　ボイドの発生による事故の可能性

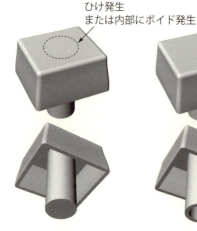

1) 中実で太軸はひけ、ボイドが発生しやすい軸部が厚肉の偏肉状態
※点線部にひけが発生する
※内部にボイド発生

2) ひけ、ボイド回避例
→中心を空洞にする
空洞により偏肉回避
（均一肉厚）

3) ひけ、ボイド回避例
→細軸にして根元をリブ補強

図2.9.3　ひけ、ボイドを回避する設計（1）

第2章　金型

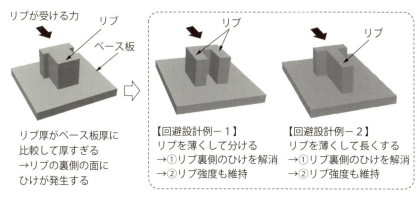

図2.9.4　ひけを回避する設計（2）

図2.9.5　ひけを回避する設計（3）

結果

ボイドの発生を抑えることができた。

なお…

ひけの発生と同様であるが、部品形状だけでボイドを抑制できるわけではなく、金型や成形条件、樹脂などの要因によっても発生する。生産数量が増えて金型増面となった場合は、取り個数を増やす場合もある。キャビティレイアウトやランナー仕様が変わると樹脂流動も変わり、成形品質へ影響する場合もある。

関連解説 1　ひけとボイドの発生メカニズム

金型温度の違いにより、ひけまたはボイドになりやすい条件がある（図2.9.6）。
○金型温度が高い：ひけとなりやすい
○金型温度が低い：ボイドとなりやすい

関連解説 2　似て非なる空洞

似たような空洞であっても、発生メカニズムは異なる場合がある。異なるメカニズムごとの発生要因をつぶす対策を講じないと、空洞をなくす解決には至らない（図2.9.7）。

①樹脂の流れに型内空気が巻き込まれ、金型内に取り残されてできた空洞または気泡（エアートラップ）
②加熱シリンダーの熱により、樹脂中の水分が気体（水蒸気）となり、溶融樹脂とともに金型内に射出されてできた空洞または気泡
③加熱シリンダー内に滞留した樹脂が高温で分解してガスを発生し、溶融樹脂とともに金型内に射出されてできた空洞または気泡

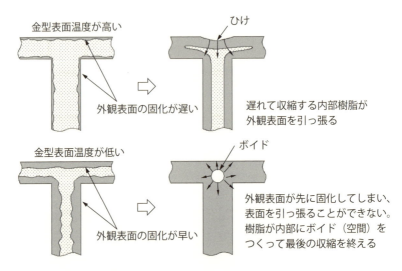

図2.9.6　ひけとボイドの発生メカニズム

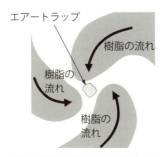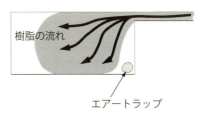

開口部が急に広くなるような場所で
エアー（空気）が金型内に取り残される

周囲の樹脂の流れに取り囲まれて、エアー（空気）が金型内に取り残される
※ピンポイントゲートを複数設定した場合
※成形品形状により樹脂の流れが複数に分岐して合流する場合、など

図2.9.7　樹脂の流れによってできる空洞（エアートラップ）

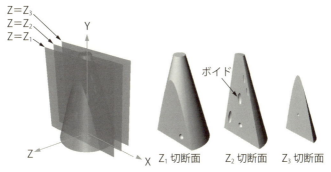

※深度を変えた断面でX線撮影（非接触・非破壊）による方法がある
　あるいは、実際に切断（破壊）して観察する方法もある

図2.9.8　ボイドを見つける方法

関連解説3　ボイドを見つける方法

　透明グレードがある樹脂では、透明樹脂で成形してみることにより、ボイドの発生傾向を把握することができる。不透明な樹脂では、可能性の高い個所の切断によりボイド発生を確認することもできる。

　製品全体において非接触非破壊でボイドを発見するためには、X線による方法も有効である。製品状態でスキャンする断面位置を変えることもできるので、見逃しが少ない。切断による留意点は、専用の切断機（小さな応力、ダイヤモンドカッターなど）により、空洞をつぶさないように切断することである（**図2.9.8**）。

金型10　製品設計に必要な金型知識

着眼▶
どんな製品設計をすれば喜ばれるか。その製品は金型でつくることができるのか。この両方があって初めて良い製品ができる

背景

どれだけ優秀な設計者であっても、必ずその初期には「駆け出し」の時期がある。プラスチック製品の製品設計者となった初めの頃は、右も左もまだよくわからない。製品現物の動きをよく観察し、個々の部品の働きを知り、部品図面での取り決めを知る。その後、簡単な部品を設計することを通して、自分の中で、①欲しいものと状態を明確にし、②それを第三者へ正しく伝え（図面指示）、③加工上がりの部品と図面とを比較するというループ（Plan→Do→Check→Act）を回すようになる。

プラスチック製品の場合、部品は金型により成形加工することとなるため、狙う製品の仕様を決めることと、それを金型で実現する方法を知ることは、良い製品をつくるための車の両輪である。

通常

射出成形金型により成形して部品をつくる場合には、金型の基本構造（2プレート金型、3プレート金型など）を知り、PL（パーティングライン）と外観品質、アンダーカット（通常の型開きでは取り出せない形状を言い、これは極力避ける）、ゲート跡、突き出し跡などの主な設計形状に関する金型知識を学ぶ。

しかし？

これだけの知識で欲しい形状を作図したら、欲しい成形品質は確保できず、必要以上に厳しい公差を設定して、高い金型をつくってしまいかねない。

第2章　金型

そこで！

　製品設計に必要な金型知識として、金型構造の次には金型の働き（機能）を中心に学ぶのが有効である（図2.10.1～2.10.5）。なぜなら成形品は金型に樹脂を満たしてつくるため、そのメカニズムを把握せずに良い成形品の設計はできないからである。

　金型が機能しないと、望む品質は得られず成形不良となる。成形不良も種類は多いが、金型と成形品設計との因果関係から押さえていけば、初めからどのような成形品設計をすべきかがわかってくる。金型費用についても、成形品寸法と適切な公差寸法の関係を知れば、金型費用の低減だけでなく成形品質の安定にも効果がある（図2.10.6）。

結果

　形状付与という金型の本来機能以外に、樹脂を導く、樹脂を冷やす、成形品を取り出す、型内空気を排出するという機能を知ることができた。

　これらの機能に関連する成形不良で、形状設計に関する要因については初めから配慮する設計検討をすることができるようになった。

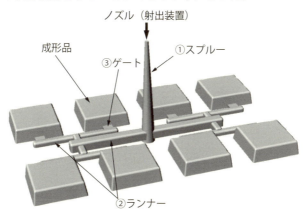

射出された樹脂はスプルー、ランナー、ゲートを経由して成形品へ流れる
スプルー、ランナーが太すぎると冷却が遅れ、成形時間が長くなる（加工コストアップ）
スプルー、ランナーが太すぎると不要部の重量が増える（材料コストアップ）

図2.10.1　金型の機能－1（溶融樹脂を成形品まで流す）

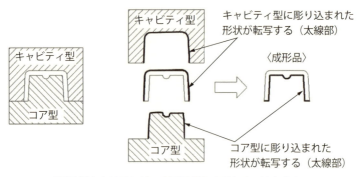

成形品質を高めるには、金型品質を高めなくてはならない

図2.10.2　金型の機能−2（形をつくる→これは金型の本来機能）

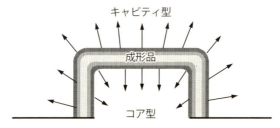

矢印は成形品から金型へ熱が伝わる様子を示す
キャビティ、コアの冷却にむらがあると変形などの不良となる

図2.10.3　金型の機能−3（固める：樹脂の熱を奪い冷却する）

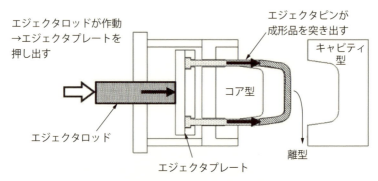

突き出しが不適切だと変形や白化などの不良となる

図2.10.4　金型の機能−4（金型から成形品を取り出す）

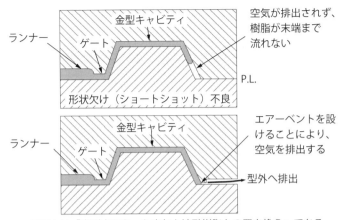

成形とは「金型内にあった空気と溶融樹脂との置き換え」である
エアーベントは 0.01 〜 0.03 の樹脂が漏れない程度の隙間

図2.10.5　金型の機能－5（初期に金型内にあった空気を排出する）

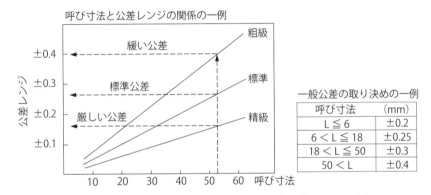

厳しい公差の設定により金型設計も変わるため、金型製作費用はアップする
呼び寸法が大きくなると、粗級、標準、精級によらず公差レンジも大きくなる
使用する樹脂により呼び寸法と公差レンジも変わってくる（結晶性、非結晶性）

図2.10.6　適切な公差寸法を設定する

　金型知識を得たからといって、それだけで配慮した設計ができるようになるものでもない。過去の成形実績と成形品仕様との比較などを通して、望む品質を実現できるよう日々精進することが大事である。

関連解説 1　モールドベース構造と各部の役割

一般的な2プレート金型のモールドベース構造を示す（**図2.10.7**）。

成形品品質を確保するために、金型は正しく稼働して機能しなくてはならない。主な金型パーツと役割を知ることも成形品設計には必要である。

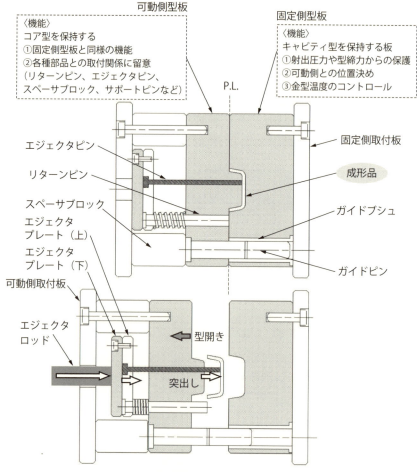

上図：キャビティへ射出→冷却（成形品）
下図：型開き→エジェクタプレート上昇→エジェクタピンが成形品を離型

図2.10.7　モールドベースと各部名称と機能（2プレート金型）

第 2 章　金 型

関連解説 2　欲しい品質と金型構造

　通常の 2 プレート金型、3 プレート金型の知識の範疇だと、構想設計したとしても有効な解に気づき得ないことがある。たとえば、ペットボトルのふたと化粧品のふたは、「ふた」という共通の目的を持っているが、化粧品のふたは「意匠」も目的に加わる。そうなると外観品質が厳しくなり、少しわかっている方なら、ふたの金型内での向きやゲートはどのようになるだろうかと気づく。

　金型構造の一例（**図 2.10.8**）を見ると「そんなことか」と思うかも知れないが、これを見る前は、ゲート跡の処理に悩むことになっていたかも知れない。その意味では、いろいろな成形品において、どんな金型構造で対応可能かのパターンを知っておくことは、設計の役に立つ。とは言っても、すべてがわかるわけではないので、その場合は金型屋と相談してどう解決するかの道筋をつければよい。

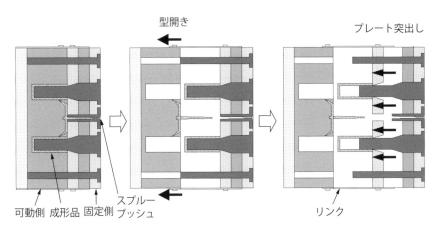

通常は意匠面を固定側で形成するが、本例は可動側で形成
外部から見えない成形品の内側にゲートを設定する場合もある（インナーゲート）

図 2.10.8　意匠が求められる成形品の金型構造例

第3章 樹脂

樹脂1　プラスチックに文字を描く

着眼▶
モノづくりに技能は重要だが、これに頼りっきりになると品質の安定を欠く場合がある。製品要求にふさわしいつくり方が大切である

背景

当時のパソコン用キーボードでは、文字の印刷にインクを用いていた。顧客の印刷文字に対する要求には、「高品位」「多色」「摩耗による文字消え耐久性」などがあり、いずれも高い品質が求められた。文字を印刷する技術の中で（図3.1.1）、要求をバランス良く満足する「タンポ印刷（図3.1.2）」を採用していた。印刷対象の面は「凸面」「凹面」とさまざまであるが、タンポ印刷は十分に対応した。

	特徴	文字形成原理
2色成形	①異なる2つのプラスチック材料を、1次成形および2次成形することにより文字を形成する ②文字の摩耗耐久性が非常に高い ③文字色が美しく、文字輪郭も明瞭 ④金型で成形して文字形成することに起因するいくつかのデメリットあり（閉空間）「A」「B」「D」「O」「P」「Q」「R」などの2色目の樹脂が流れていかない閉空間を持つ文字は、樹脂を流すための穴（アンダーカット）を形成	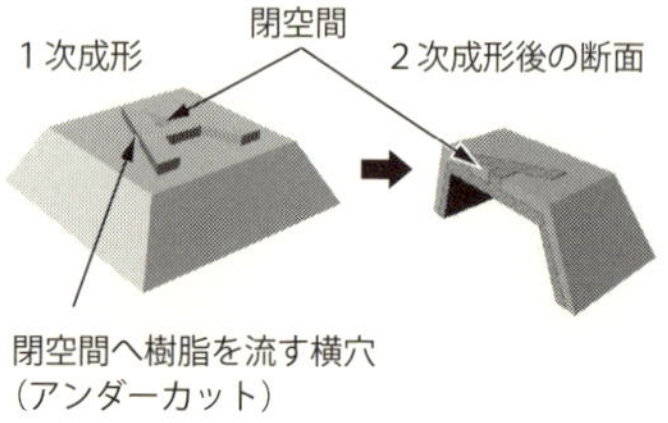 1次成形／閉空間／2次成形後の断面／閉空間へ樹脂を流す横穴（アンダーカット）
スクリーン印刷	①印刷版と対象を密着させた状態で、インクを文字部メッシュ穴から刷り出して文字を形成 ②一度に面積広く印刷が可能 ③多色刷りは複数の版で工程を分けて行う ④凹凸が大きな印刷面には不向き	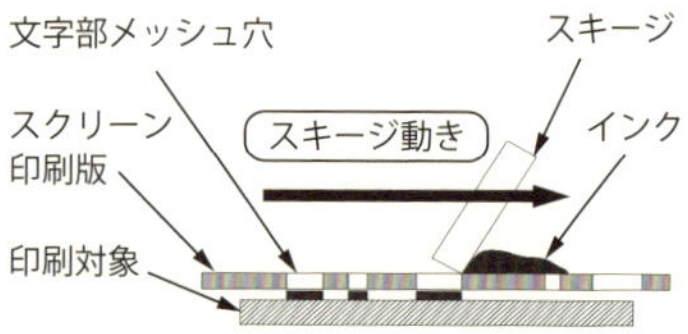 文字部メッシュ穴／スキージ／スクリーン印刷版／スキージ動き／インク／印刷対象

図3.1.1　いろいろな文字印刷技術

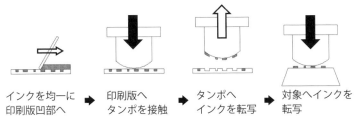

インクを均一に　印刷版へ　　タンポへ　　　対象へインクを
印刷版凹部へ　　タンポを接触　インクを転写　転写

対象物の印刷面が凹凸形状であっても印刷可能

図3.1.2　タンポ印刷法

通常

　タンポ印刷では、まずキーボードの各ボタン上に付着したゴミを取り除き、1色目のインクで文字を印刷する。多色仕様の場合は、前色のインクに含まれる溶剤成分を揮発させ、印刷面が乾燥した後に2色目および3色目の印刷を行う。摩耗耐久性を向上させるために、文字を覆うようにUV硬化タイプの透明樹脂をコーティング印刷し、UV照射して樹脂を硬化させるところまでが一連の印刷工程である（図3.1.3）。

しかし？

　インク印刷およびコーティング印刷は、技能を要する工程であり、熟練した作業が求められる。高品位の印刷には、インクの仕様管理（粘度、希釈）が重要だからである。段取りでは、印刷開始前にインク仕様や文字位置の調整などに時間を要し、印刷の安定生産に入った後もインク仕様の適性に常に注意を払い、作業後は印刷版を目詰まりなく清掃して次の生産に備えなくてはならない。

　多品種変量の量産にあっては、製品ごとに印刷段取りが発生し、少量生産では印刷時間よりも段取り時間の方が長くなるため生産性が低下する。実際、キーボードは1モデルの製品受注で世界各国の言語に対応しなくてはならず、多種少量の生産対応が不可避である。

　設備において、多色印刷の場合は色の数だけ印刷版が必要となる。5,000回前後の印刷で、文字のエッジがだれて鮮明でなくなるため、そのたびに消耗した印刷版を新品に交換しなくてはならない。生産を海外展開した場合、印刷版

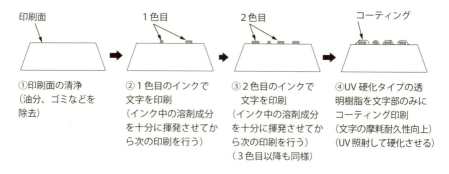

図3.1.3　タンポ印刷の一連の工程とポイント

によっては日本から輸出が必要となるため、時間と費用が大きな問題となる。技能に依存しすぎる工法では、人に支障があると全工程がストップするリスクも少なくない。

そこで！

技能や印刷版を不要とする印刷工法の導入に踏み切った。「レーザ印刷」である。レーザは、波長や出力強度により用途が異なる。文字や模様を印刷するのに適しているYAGレーザ（発振源にYAG結晶＝イットリウム・アルミニウム・ガーネット：Yttrium Aluminum Garnet）を印刷工法に決めた。

レーザ印刷の特徴は、①非接触（対象へのレーザ照射のみ）、②インク不要（表面改質による文字形成）、③印刷作業者の技能不要（印字プログラムによる安定品質）、④段取り時間の大幅減（印字プログラム切替のみ）、⑤高い摩耗耐久性（表面改質の深さ）、⑥多色不可（発色に制限あり）などである。

文字形成原理は、レーザ光線を間欠的に対象面へ照射し、文字の形となるように照射位置を非常に速い速度で移動させることで文字形成する。照射された表面は改質し（図3.1.4）、周辺の樹脂色と異なるコントラストを呈する。

印字プログラムとは、レーザ光線の照射（光線径／強度、照射位置、移動速度など）を制御するもので、プログラムの良し悪しは文字品位や品質を左右する。印刷工法として確立するには、文字品位や品質を高める開発（プログラム、樹脂など）が必要である。また、プログラムは情報であるため、言語が変

第 3 章 樹 脂

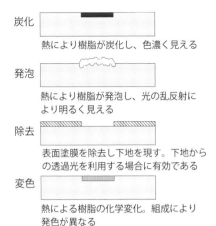

図3.1.4　レーザによる表面改質の種類

わっても印刷版などの物の交換段取りは不要で、消耗劣化もない。遠隔地の工場へもデータ送信により印刷準備が完了する。レーザ印刷の作業習熟は必要だが、技能までは必要としない。

レーザ印刷のメリットを活かした生産が可能となった。作業者が急に交代しても、安定した印刷品質を確保できた。言語が多い欧州向けへの対応も、プログラム切替で容易に対応できた。また、印刷版が不要なため、印刷版輸送に掛かる時間や費用を削減できた。インクを使わないのでRoHS指令などの規制が緩和され、リサイクルも可能となった。

開発当時の市場のレーザ文字品位はまだ低く、装置は非常に高価だったため、開発の入り口にたどり着くまでのハードルは高かった。

関連解説1 印刷工法と樹脂への影響考察

製品用途に適切な印刷工法の検討に加えて、樹脂へのインパクト（影響）も忘れずに必要な評価を行うことが重要である。

①タンポ印刷：溶剤の樹脂へのアタック（成形品内部に成形時のひずみが残留していた場合、成形品表面に溶剤が付着すると、応力緩和によるクラックが発生する場合がある）
②レーザ印刷：炭化、発泡、溶融、化学反応などの各原理における樹脂表面の変化
③2色成形：1色目樹脂と2色目樹脂の接合面の密着強度
④浸透印刷：転写紙インクが樹脂面へ浸透したときの変質、加熱転写させる際の変質（**図3.1.5**）
⑤塗装剥離：成形品表面の塗装をレーザ照射により剥離して文字や模様を形成。生地樹脂への影響

関連解説2 製品1個単位のトレーサビリティ

射出成形は、樹脂材料を投入すると、一発の加工で製品が完成するという特徴を持つ工法である。投入した「樹脂」、製作した「金型」、それと「成形加工」によって製品の品質は決まる。1つひとつの製品外観では品質の違いがわから

浸透印刷
①印刷したい文字や記号などを鏡像反転してインク印刷した転写紙を作成する 　→印刷対象へ転写紙を加熱・加圧して押し当て、インクを印刷対象面へ浸透させる ②印刷対象へ一度に多色印刷が可能 ③転写紙にかかるコストが高い ④印刷対象の材質により浸透度合いが異なる

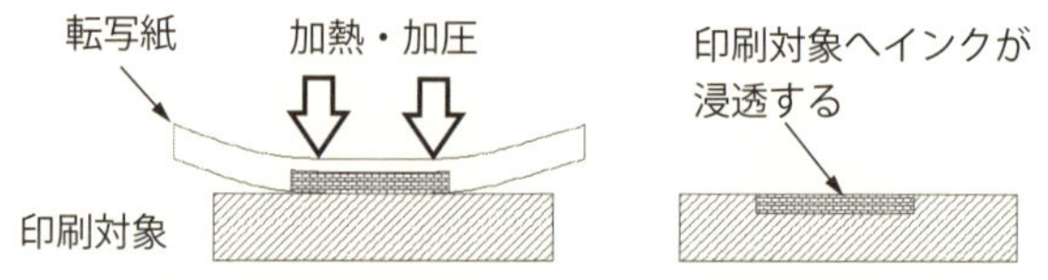

図3.1.5　浸透印刷法

第3章　樹脂

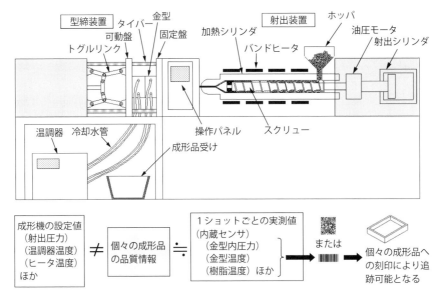

成形品の品質を反映するのは、成形機の条件設定値ではなく、1ショットごとの加工実測値である
実測値を加工した成形品へ刻印（QRコード、バーコードなど）することで、市場での追跡が成形品1個単位で可能となる

図3.1.6　成形品1個単位のトレーサビリティ

ない。成形条件は品質を決める要因の1つだが、設定値ではなく実際値がどうであったかが、出荷後に市場で問題になった場合に重要な情報となる。

　成形加工時の諸情報（樹脂温度、金型温度、成形圧力、型締力など）をセンサで収集し、その成形品に加工情報をレーザ印刷する（**図3.1.6**）。これにより、不具合が発生した製品の印刷情報を調べれば、加工当時の実際値に異常がなかったかなど工場での再現実験を行うこともでき、実効的な対策が可能となる。また、同様の加工で出荷された製品を1個単位で追跡可能（トレーサビリティ）となる。

| 樹脂2 | 樹脂は最初に決める設計仕様 |

着眼▶
製品仕様に適した素材をまず決める。これは建物の土台と同じくらいに重要なこと。素材の特徴を引き出して製品仕様を築き上げる

背景

開発や設計の大変な作業を乗り越えてようやく市場へ出した製品も、ライフの短い製品は短期間に市場から姿を消し、また新しい製品を開発し投入することを繰り返す。少しライフが長めの製品であっても、投入時の価格をずっと維持することは難しく、価格の下落とともにコストダウンを図らなければ利益確保が厳しくなる。

通常

製品のコストダウンを図る場合、市場へ投入後に検討を開始するのではない。製品価格の下落トレンドを事前に予測し、利益を確保できるコスト目標を立て、それを実現するための技術課題をあらかじめ決めて臨む（図3.2.1）。

新製品であっても、初めからコストダウン課題を仕込んで臨むこともある。量産までの日程が短いとしても、必要となる技術検討や評価は必ず行わなくてはならない。製品を構成するベース樹脂をコストダウンの項目に挙げた場合は、特に慎重に進める必要がある。基礎物性（機械的、物理的、熱的、電気的、化学的、成形加工など）や製品形状に近い仕様で従来樹脂と比較検討し、基本的な評価を行う。

しかし？

これまで使用していた樹脂（ABS）の、グレード違い品を検討することになった。新規の樹脂を検討するのであれば、評価に当たっても細心の注意を払って進めていたかも知れないが、グレード違いであれば大きな特性の違いも

第3章　樹脂

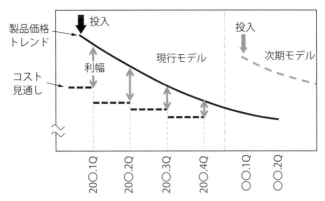

企画段階から価格トレンドをつかみ、コストダウン課題を事前に立案して取り組む素材は商品化後の変更が困難なため、製品ライフを通して適切なものを選ぶ

図3.2.1　価格の下落トレンドとコストダウン

なく、ほとんど問題なく使用できると考えたのが大きな間違いであった。

　顧客要求色へ樹脂の色合わせを行った後、試作に必要な数量を成形加工して、一部は顧客提出用のサンプル製作に、残りは評価用サンプルの試作を行うことにした。ところが、試作の組立現場から部品が組みづらいとの連絡が入った。確認すると、通常よりも力を入れないと組み立てられないことがわかったのである。数日前に数台だけ自分で組み立てたときには、まったく気づかなかった。

　原因を調査すると、無理して組み立てたものは部品のフックが変形していた（図3.2.2）。形状や寸法が原因かも知れないので調べたが、フック形状と寸法はOKであった。今まではこのようなことはなかったのだが、要因を考えてふと思い出したのは、「ABSのグレード違い」である。

　材料メーカーに問い合わせたところ、ABSのB（ブタジエン）の配合比率が少し高めとのことであった。ブタジエンはゴム成分であり、これがフック部の

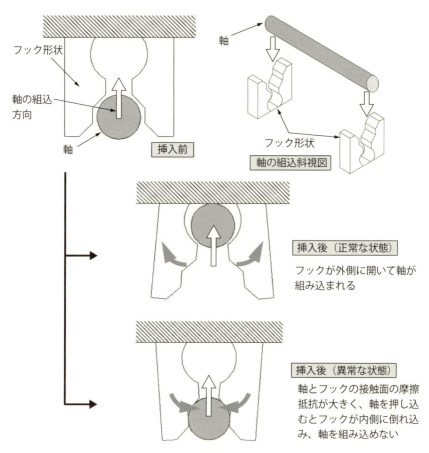

図3.2.2　フック嵌合と組みづらい原因

嵌合の滑りを悪くしているのかもと考えた。さっそく、従来のABS樹脂で成形して組み立てたところ、問題なく組み立てられた。やはり樹脂に原因があったのだ。量産出荷日程は最終ステージに来ており、ここで樹脂を変えるのはリスクが伴うのは承知の上で、従来のABS仕様へ戻した。

　ところが、今度は顧客と取り決めた色が再現しない。色に関してはすでに承認済で、今さら色が出なくなったとは決して言えない。そこで狙いの白色さの不足を解消するために、樹脂調色メーカーと相談して添加剤（酸化チタン：TiO_2）を加えることにした。配合率は2〜4wt%を目安にと言われたが、それ

を上回る配合率でようやく承認色を再現できた。

　また、組立性も再確認したが、特に問題は見られなかった。ようやく海外で量産検証できるスタートラインに立てたと安堵したものである。

　しかし、またしても今度は量産組立ラインで検証を行っている際に、フックが折れるという現象が発生した。日本で組み立てたときは、フックが折れることなどは1つもなかった。量産ラインには量産の組立速度（目標ST：Standard Time）という指標があり、確かに作業者は、日本の試作とは比較にならないスピードで部品を組み付けている。しかし、調査の結果、組立速度自体に原因があるのではなく、添加剤の入れすぎで樹脂の機械的特性が著しく劣化したことに原因があることが判明した。

　樹脂の単なるグレード違いとの甘い認識で、必要な評価を怠ってしまった。その結果、①組みづらい→【対応：樹脂変更】→②色が出ない→【対応：添加剤】→③フック折れ、という負のスパイラルを招いてしまった。

　反省すべきは反省し、個々の部品で起きている現象を調べて、1つひとつ現物で対策することにした。対策の考え方は「フックは寸法公差範囲内であれば、マイナス側寸法でも合格としている。しかし、マイナス側寸法の機械強度が低い部品は基準寸法を目指す」とした。

　具体的な作業は、フック折れしやすい部品をリストアップし、折れない寸法まで変更する（金型改造）。改造金型で部品を成形加工し、実際の組立速度で検証し、フック折れがなければ合格とする。これを1つひとつ行った。

　負のスパイラルを何とか収めることができた。

　対策を完了するまでは約1カ月を要し、針のむしろに座らされた心境だった。ほんの些細な変更により、それまで知らず知らずのうちに成り立っていたことが崩れることもある。このことを思い知った一件であった。

関連解説1　樹脂材料を選ぶ留意点

①顧客の使い勝手（本来の製品目的）

製品の種類により機能はさまざまだが、製品の使い方と耐久性に関しては、評価項目に共通性が出てくる。①使用に当たってどれくらいの力を加えて使うか、②使用環境（温度、湿度、温度変化など）はどれくらいか、③薬品や油の付着はあるか、④振動や衝撃を与えることはあるか、などである（表3.2.1）。

②製品をつくる全工程

製品目的を実現するために、全体の製品設計および部品設計を行い、部品加工、組立が必要となる。部品加工においては、その部品仕様をつくるためにどの工法を適用するかで、適正な材料特性が異なってくる。射出成形法で部品を加工する場合には、その樹脂の切削加工特性ではなく、成形加工特性が重要となる。また、成形加工後の部品加工にもいろいろとある。

表3.2.1　使い勝手の事例から考える「樹脂選び」の気づき言葉

項目例	使い勝手の具体例を考え、条件を最大・最悪にしたときの結果を想定する
①使用に当たってどれくらいの力を加えて使うか（力と言ってもいろいろ）	□何が力を加えるのか、それは硬いか柔らかいか □どこに力が加わるのか □集中する力か、分布する力か □繰り返す力か、一度の大きな力か
②使用環境（温度、湿度、温度変化など）はどれくらいか（影響が大きな使い方は）	□温度を高く（低く）すると何が変化するか □湿度を高く（低く）すると何が変化するか □環境にさらす時間と劣化の進み方 □同じ製品で高温→高湿→低温→低湿と繰り返すとどうなるか
③薬品や油の付着はあるか（特殊なものばかりでない）	□人が触れる部位はあるか □指に付着の油（作業、食事など） □身近な液体洗剤などの付着、転着、移行
④振動や衝撃を与えることはあるか（うっかり落下）	□机上で使う製品を床へ落とす（落下衝撃） □通常の使用で振動が発生する（励振、共振）（疲労）

製品の実際の使い勝手をよく把握して、適切な樹脂を選ぶ
製品仕様（specification）は、顧客のフィールド使用における品質を評価するために、再現性と加速評価を可能にするよう定めたものである。これのみを目標に樹脂を選ぶと間違う場合がある

第 3 章　樹 脂

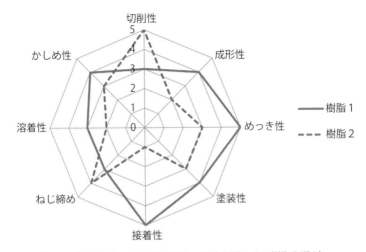

すでに工法が決まっている場合は、工法を活かせる樹脂を選ぶ
これから工法を決める場合は、樹脂特性を活かせる工法を検討する

図3.2.3　モノづくりの全工程を通して全体最適に材料を選ぶ

　部品の付加価値を上げる加工として、表面にめっきや塗装を施したり、文字や模様を描いたりすることがある。対象樹脂への加工が可能なのか否かが1つの留意点となる。また、部品を組み立てる場面においてもその方法はさまざまであり、たとえば接着剤で2つの部品を接合させるときに、よくくっつく樹脂であるかどうか。あるいは、その樹脂がねじ締め（タッピンねじなど）に適したものであるかどうか、溶着やかしめ（冷間や熱間による樹脂変形を伴う）は適切か、などである（**図3.2.3**）。製品の強度設計の観点からだけでなく、部品加工から組立、梱包、輸送過程を通して、顧客へ品質を無事に届けるまでを考えて樹脂材料を選ぶことが重要である。

樹脂3 ポリマーアロイで特性の良いところ取り

着眼▶
製品表面のシボはデザインの1つである。人が触れる個所のシボは、擦れてテカリ状態となる。シボの耐久性を向上させたい

背景

製品表面に施す表面仕様には、鏡面、シボ（梨地、マット、サテン、模様など）がある（図3.3.1）。樹脂製の成形品は、シボにより質感を伴う製品へと変わる。シボの種類は多く、これにより品位や風合いが変わる。製品表面にシボを施すことで、製品の付加価値を高めることができる。

通常

キーボード製品においても、筐体ケースやボタンの表面にシボを施す。ボタンの天面は指で押す面であると同時に、何のボタンであるかの文字や記号を表示させる面でもある。

文字などの視認性を良くするために、文字などの輪郭は鮮明でなくてはならない。インク印刷の例では、インクを対象面へ転写させて文字を形成するが、対象面の表面粗さが荒いと、凸部にはインクが付着するが凹部には付着しない（図3.3.2）。これは輪郭を不鮮明とする要因の1つである。

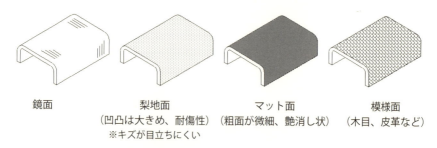

鏡面　　　梨地面　　　　　　マット面　　　　　模様面
　　　（凹凸は大きめ、耐傷性）（粗面が微細、艶消し状）（木目、皮革など）
　　　　※キズが目立ちにくい

図3.3.1　表面仕様の種類

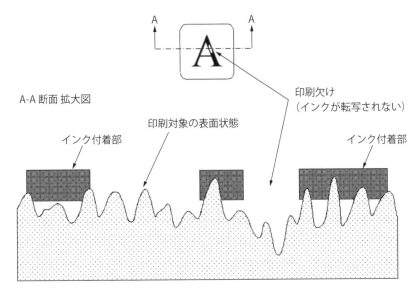

図3.3.2　表面粗さとインクの転写性

　他の印刷法においても、表面の凹凸は文字の鮮明さを左右する。したがって、シボ仕様は文字の輪郭をシャープに形成できる仕様でなくてはならない。ボタン天面のシボは目の細かい仕様となっている。

しかし？

　目の細かい天面を、指が押して操作するのがキーボードである。その使い勝手は人によりさまざまだが、かなり激しくボタンを殴打する人もいれば、表面を撫でるように押す人もいる。人によりボタンの押し方はいろいろでも、長い使用時間においてボタンが相当回数押されることは事実である。
　その際に、指の腹面（指紋がある面）とボタン天面との擦れ合い（摩擦・摩耗）により、文字消えやシボ消え（摩耗でツルツルの面）となる。仮に文字消えしなかったとしても、照明などの光を反射するようになり、文字が見えづらくなる（視認性の低下）。シボは品位や風合いだけでなく、視認性を助ける機能も持っている（**図3.3.3**）。

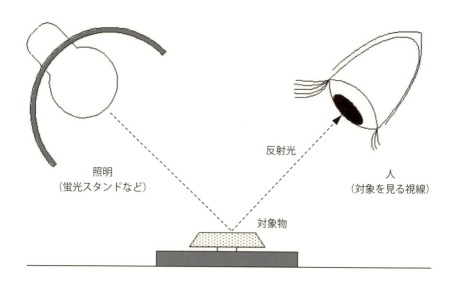

× 反射光で文字が読み取りにくい
（反射光を考慮しない粗いシボ）

〇文字が読み取りやすい
（反射光を抑える艶消しシボ）

摩耗によりシボがなくなると視認性は低下する

図3.3.3　視認性を助けるシボ機能

樹脂を耐久性のあるものへ変えることにより、シボの摩耗耐久性を向上できないかと考えた。ボタンの持つ機能/性能（機械強度、成形性、インク印刷性、接着性など）も維持しなくてはならず、まったく異なる樹脂というわけにもいかない。そこで、樹脂のベース特性を維持しながら、別な樹脂の特性を付加できる「ポリマーアロイ」に目をつけた。

　樹脂と樹脂をブレンドすることにより、両者の良い特性を合わせ持つ樹脂をつくるのである。PC（ポリカーボネート）は熱可塑性樹脂の中でも強靱な樹脂である。ABS樹脂にPCをブレンすることにより、従来特性を維持したままシボ摩耗特性を向上させる目論見である。

　ポリマーアロイ（PC-ABS）およびABS樹脂でボタンを成形し、文字を印刷した後に摩耗耐久試験を行った。両者を比較検討したところ、大きな差はなかった。機械物性として強度の高いPCをブレンドしたが、シボ状に加工された表面の摩耗耐久性では、その高い特性を引き出すことができなかった。逆に、指とボタン面の間にはそれだけ厳しい摩耗環境があるとも言える。

なお…

　PCが機械特性的に優れていると考えて評価の対象としたが、結果として優位性が得られず、途中で評価を終えてしまった。強靱であることが必ずしも摩耗に直接効くのではなく、他の特性パラメータが摩耗に関与していることも考えられた。対象における摩耗メカニズムの仮説を立て、摩耗に関与するパラメータ特定にまでは至らなかった。

関連解説1　ポリマーアロイとは

　異なる樹脂を混ぜ合わせてつくった樹脂を「ポリマーアロイ」という。アロイとは、元は合金の意味があるが、樹脂（ポリマー：高分子化合物）においても同様の処方を行うのである。

　ポリマーアロイとする目的は、異なる樹脂が持つ特性の良いところをあわせ持つ樹脂をつくるところにある（**図3.3.4**）。市場も製品も要求が多様化し、仕様もそれに応えなくてはならない。単品の樹脂が持つ特性ではカバーしきれなくなり、そこでポリマーアロイの出番となるわけである。

　しかし、樹脂であれば何でも混ざるかというとそうではない。樹脂により混ざりやすさの相性がある。この相性のことを親和性という。親和性の低い樹脂同士であっても、双方が持つ特性を何とか使いたいという場合もある。この場合、親和性を向上させて混ぜ合わせるという方法がとられる。

　親和性を向上させる1つの方法が、相溶化剤という添加剤を使う方法である。相溶化剤は混ぜ合わせる樹脂の双方に親和性があるものであり、これにより双方の樹脂が上手く混ざり合う。

　なお、ポリマーアロイは混ぜ合わせる樹脂の良いところ取りをすることができるが、元の樹脂が持っていた特性を100％維持できるわけではないことを、よく理解することが必要である。

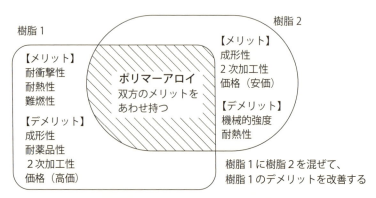

図3.3.4　ポリマーアロイとする目的

関連解説 2　樹脂の特性を向上させる他の方法

①繊維添加による特性改質

樹脂に無機系強化剤（フィラー）を添加し、元の樹脂の特性を強化する。フィラーとして用いられるものに、①ガラス繊維、②炭素繊維がある。これらフィラーを添加された樹脂は、繊維強化プラスチック（FRP：Fiber Reinforced Plastic）と呼ばれる。FRPというと、従来の熱硬化性の樹脂をイメージすることがあるので、熱可塑性のものはFRTPと表記して区別される（T：Thermo）。これらフィラーを添加した樹脂は、高強度で軽量化が可能であり、金属材料から樹脂への代替が加速している。

②添加剤による特性改質

製品に付与したい特性の種類により、さまざまな添加剤が開発されている。主な添加剤の種類と働きを示す（表3.3.1）。

表3.3.1　代表的な添加剤の種類と働き

種類	働き
安定剤	熱や光による樹脂の酸化劣化を防止する（酸化防止剤、紫外線吸収剤など）
塩ビ用安定剤	熱安定剤（金属石鹸系、有機錫系、鉛系）、安定助剤など
可塑剤	ポリマーに柔軟性を与え、ガラス転移点低下や成形加工性を改良する
抗菌・防カビ剤	菌やカビの発生を抑制。無機系（銀など）や有機系のものがある
滑剤	樹脂と成形機、樹脂同士の摩擦軽減で流動性/離型性/加工性を改善する
帯電防止剤	ほこりや汚れの付着などを防止する（多くは界面活性剤である）
結晶核剤	PPの結晶を微細化。剛性/荷重たわみ温度の改良、透明性の向上
難燃剤	酸素遮断、樹脂温低下により樹脂に難燃性を与える
着色剤	着色、光遮断、反射・吸収による耐光性など（無機顔料、有機顔料、染料）
有機発泡剤	熱分解時に発生するガスを利用し、樹脂に気泡構造を形成させる
重金属不活性化剤	重金属（銅、鉄など）イオンにより、樹脂の接触酸化劣化を防止する
高分子添加剤	多様化・高度化する要望に応える（相溶化剤、耐衝撃性改良剤など）
補強剤	金属代替用途をはじめとする複合材用の改質剤。剛性、荷重たわみ温度、機械的強度、寸法安定性などを改良する。ガラス繊維、炭素繊維などの補強材

樹脂4　樹脂特性と製品耐熱性

着眼▶
製品の耐熱性を高めるために、熱的特性の良い樹脂を探す。しかし、製品の耐熱性と樹脂の熱的特性はそもそも異なる指標である

背景

　ある製品を購入する場面で、デザインや使い勝手にさほど違いがない場合、製品裏面の性能書きや製品仕様書の内容を確認したりしないだろうか。製品にはそれぞれ固有の働きがあって、自分が想定する使用場面で、製品が十分に働くかどうかは気になるところである。

　実際の使用場面は顧客によりさまざまであるが、たとえば高温となる環境でも使える製品は「耐熱性が高い製品」と呼ばれる。デザインなどに違いがない場合、製品の耐熱性を示す「耐熱温度」が高いものを選ぶ傾向がある。

通常

　製品の耐熱性を高めるために、製品を構成する部品そのものの温度に対する耐久性を高めることを考える。射出成形により加工する部品であれば、素材となる樹脂の「熱的特性（**表3.4.1**）」の良いものを探して、採用の可否を検討する。例として、熱的特性の1つである「荷重たわみ温度（**図3.4.1**）」が高い樹脂を評価検討するなどである。

しかし？

　樹脂の特性指標は、数多い樹脂の特性の違いを同じ条件下で比較可能としたものである。ここで同じ条件とは、特性を計測・測定可能とするために、JISなどで定められた評価用試験片を製作し、定められた試験装置、評価手順に従って測定するということである（**図3.4.2**）。

　結果として得られるものは、あくまで評価用試験片における特性の数値であ

第3章　樹脂

表3.4.1　樹脂の熱的特性

主項目	詳細項目	略説明
熱的特性	ガラス転移温度	非結晶性樹脂が流動性を有する状態となる温度（結晶性樹脂は融点）
	荷重たわみ温度	試験片を圧子で一定静荷重、昇温。規定たわみ値となるときの温度
	ビカット軟化温度	試験片を針状圧子で一定静荷重、昇温。針状圧子1mm侵入時の温度
	ボールプレッシャー温度	試験片へ鋼球を一定静荷重、昇温。規定凹み値となるときの温度
	脆化温度	低温度での衝撃破壊特性
	比熱	1gの物質の温度を1℃上昇させるのに必要な熱量
	熱伝導率	温度差のある2つの物体間の熱の伝わりやすさ
	熱膨張率	温度の上昇による物体の長さや体積が膨張する割合
	熱劣化	長時間加熱による樹脂の熱分解進行により、機械的特性などの劣化

り、具体的な形状や働きを持った製品全体の性能とはまったく別な指標である。特性の数値が少しでも高い樹脂を使用すれば、製品性能が高くなるとの考え方や特性数値の僅差に一喜一憂することも、製品性能を向上させる"ありたい姿勢"とは到底言えない。

そもそも製品の耐熱温度とは何かを考えてみる。熱に対する耐久性にはいろいろと種類があるが（本項「関連解説1」で詳述）、ここでは高温側の耐久性について考察する。耐熱温度が示す意味は、「その温度まで製品の働きを維持する」ということである。製品を使用する雰囲気温度が高くなると、製品本体の温度も上昇し、常温では見られなかったさまざまな変化が起きる。

変化の例として「変形」がある。温度上昇により素材の体積膨張が起こり、部品形状ごとに特有な変形を起こす。これにより本来、あるべき製品の働きを失う場合である。次は「強度劣化」である。温度上昇により部品の持つ機械的な強度が劣化（剛性や硬さなど）し、部品間の作動や締結が不十分となり製品の働きを失う場合である。さらに「変質」もある。樹脂は非常に多くの分子が

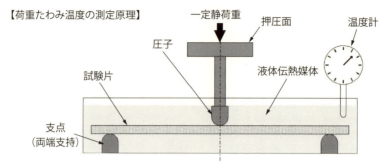

【荷重たわみ温度の測定原理】

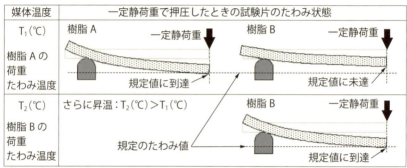

- 樹脂Bの方が熱に対する耐性が高い（熱変形しにくい）
成形品形状保持の程度を示す実用的な強度指標
試験法：JIS　K7191、ISO　75、ASTM　D648

図3.4.1　荷重たわみ温度

結合した「高分子化合物」である。高温の影響により分子レベルで変化が発生し、部品や製品の外観が変色したり、透明でなくてはならない部品が透明性を失ったり、ひび割れなどにより製品の働きを失う場合である。

高温下におけるこれら変化の源は、突き詰めると樹脂が持つ材料特性に行きつくが、こうした変化があるから製品の耐熱性を高められないということではない。高温下における変化の本質を捕まえて、製品の働きを維持する手段を考えるのが製品設計の役目である。

結果

製品の耐熱環境下での変化を詳しく観察し、その変化に対抗できる製品設計的な処置を施すことができた。なお、製品性能の発現に直結する樹脂特性につ

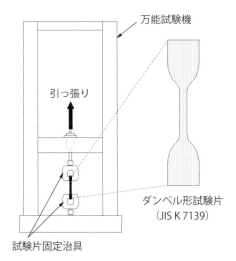

万能試験機は主に引張試験に使用されるが、圧縮や曲げ試験なども可能
試験片を固定治具でしっかり保持しないと、再現性のない測定結果となる
実際の成形品を測定する場合は、専用の固定治具を製作するのが望ましい

図3.4.2　樹脂特性の試験装置と試験片

いてはこれを優先した。

　耐久性において製品の働きを維持するとはいうものの、常温で示される働きのすべてが維持の対象というわけではない。製品には、製品であるために決して失ってはならない「基本機能」がある。たとえばスイッチという製品では、「押すと確実にスイッチがONする（電源などが入る）」ことである。
　どんなに押し心地が良いスイッチでも、ONしないスイッチはもはやスイッチではない。スイッチには何万回、何千万回もの打鍵寿命や耐熱環境試験においても、製品たるべき基本機能を失わない堅牢な設計が施されている。市場で販売されているさまざまな製品に表示されている耐熱温度を見たときに、「一体、その温度まで何の働きが維持されるのだろうか。その温度でどれくらいの使用時間に耐えるのだろうか」と疑問を抱くことは、良き設計者へのアプローチとなる。

関連解説 1　耐熱試験と評価の難しさ

　顧客の使用場面は実にさまざまである。熱に関する環境だけでも、車中の高温放置や冬の屋外使用などいろいろである。

　本来であれば、顧客のさまざまな使い勝手や環境下で時間を掛けて評価すべきであるが、量産のモノづくりでは困難である。理由は、早い量産・出荷へとつなげなくてはならず、信頼性試験を短期間に終える必要があるからである。そのため、実際の使用環境との相関を持たせた加速試験が行われる。

　具体的には、①高温試験、②低温試験、③高温高湿（結露はなきこと）、④温度サイクル（高温と低温を数時間ずつ繰り返す）、⑤温度衝撃（高温の雰囲気から低温へ瞬時に移行させる）などがある（図3.4.3）。

　①～⑤の各試験では、製品を動作させながら行う試験もある。温度サイクル試験では、膨張と収縮が繰り返されるので、素材そのものの特性が劣化し、線膨張係数が異なる部品の接合部では損傷が発生する場合もある。耐熱環境下で

試験項目	状態	試験条件	規格（満たすべき仕様）
高温	保存	温度80℃、96H	○○機能を満足すること
	動作	温度65℃、96H	
低温	保存	温度−20℃、96H	○○機能を満足すること
	動作	温度−10℃、96H	
高湿	動作	湿度95%RH　※結露無きこと	○○機能を満足すること
温度サイクル	高温〜低温	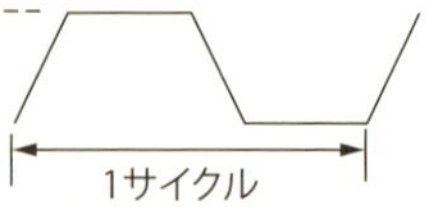 1サイクル	○○機能を満足すること（8H/サイクル×12＝96H）
温度衝撃	高温	低温から高温へ短時間切替	○○機能を満足すること
落下衝撃	常温	1角3稜6面（高さ50cm） 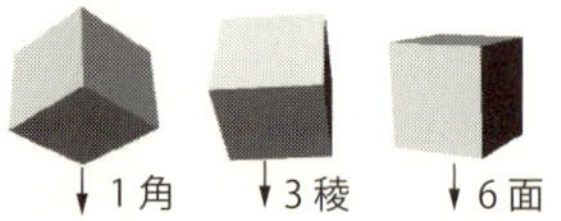	△△機能を満足すること
振動	常温	周波数○○Hz〜△△Hz	○○機能を満足すること
その他	−	−	−

図3.4.3　信頼性評価試験の一例

の試験ではあるものの、ここで製品が不具合となった場合の要因は、樹脂の熱的特性の話ではなく、むしろ製品設計の問題であると言える。

耐環境試験の難しいところは、これらの試験が顧客の実環境の代替え評価であるということである。実際の製品は、顧客によりいろいろな使用場面で長い期間使われる。1台の製品が高温下で使われ、高湿、低温下でも使われる。耐熱以外の要素（振動、落下衝撃、低気圧など）も途中で加わっている可能性もある。つまり、1台の製品に複数の試験を課している「シリーズ評価（図3.4.4）」なのである。

一方、加速試験は短期間に評価を終えるために、実使用環境よりも厳しい条件に設定して試験を行っている（過酷試験とも言われる所以）。しかし、1台の製品で行うのは1項目の加速試験のみであり、複数の加速試験を同時進行で行う「パラレル評価」である。この評価では、高温試験に合格した製品を続けて低温試験に投入した場合、合格するかどうかはわからない。

また、加速試験の設定条件は、代替え評価としている目的から、実際の使用環境で評価したことと十分に相関があるものでなくてはならない。これらは評価技術として別途確立すべき内容である。このほか、加速試験にどうやれば合格するかという「機能の維持」側からの観点も重要であるが、逆に「どうやれば製品が壊れるか」「どんな場合に製品が壊れるか」を知っておくことも製品設計者として重要な視点である。

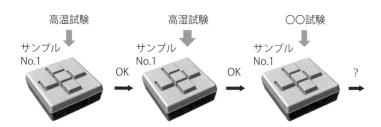

例：高温試験終了→（評価：OK）→高湿試験終了→（評価：OK）→〇〇試験→

図3.4.4　シリーズ評価（1つの製品へ複数の試験項目を連続して課す）

| 樹脂5 | 特性改質した樹脂の見えない品質 |

着眼▶
機械的強度や耐薬品性などの特性向上を図り、樹脂を改質する。量産では、改質した特性が安定かつ均質に発現することが求められる

背景

樹脂特性の改質には、ポリマーアロイや繊維添加、添加剤配合などの手段がある。成形後の2次加工品質を向上させることが必要となった。ここで2次加工とは、YAGレーザにより成形品表面に文字や模様を形成することである。2次加工品質とは、①文字などの稜線が明瞭、かつ②成形品生地色とのコントラストが鮮明であることを指す。

通常

YAGレーザの刻印原理を考えると、照射したエネルギーを効率良く吸収し熱に変換して、成形品表面が適切に改質（焦げて炭化）すると文字などの品質が向上する。そのため、ベースとなる樹脂（ABS樹脂など）に添加剤（カーボンブラックなど）を配合することが行われる。樹脂メーカーで配合を終えた樹脂を購入し、金型で成形加工した成形品表面へレーザ刻印する。

しかし？

レーザ刻印技術を確立して、海外での量産も安定して行われていた頃に問題は起きた。それは、ある製品モデルを海外工場で立ち上げている際のことである。レーザ刻印後の文字の色が少し薄いものがあると気づいたことである。

レーザ刻印の文字そのものは、インク印刷文字に比較するとコントラストが鮮明ではないこともあって、たまたま色の薄い文字があったのだろうと考えた。レーザ刻印品質を作業者が判断するための「限度見本」も作成しており、確認すると品質限度内であった。生産が進むと刻印文字のカスレ（文字の一部

が欠けて色が薄く見える状態）が見られるようになり、品質不良と判断した。徐々に文字カスレが増えて、ついには製品すべてが「文字カスレ」不良となり、生産ラインを止めざるを得なくなった。

　国内工場で不具合が発生した場合では、原因究明に当たって関連部署のスタッフと協力しながら進めることができる。しかし、海外での製品立ち上げでは少人数で対応することが多く、このような突発的な事態により量産ラインをストップさせるようなアクシデントがあると、気が動転しそうになる。

そこで！

　気を取り直し、原理原則に従って考え、考えられる要因を挙げて1つひとつ潰していくしかない。

　今回の場合、要因の1つは装置系である。レーザ刻印機が正常に作動しなくなった可能性は十分にある。2つ目は刻印対象の成形品である。成形加工が不安定ならば、過去にも似たような例があったはずである。加工よりも素材である「樹脂」要因の可能性が高そうである。

　装置系要因の検証に当たっては、それまで文字品質がOKの製品を再刻印することとした。作動が正常でなければ、刻印できないはずである。製品を少しずらして刻印すると問題なく刻印できた。

　NGの製品に取り替えて再刻印すると、文字カスレが再現した（図3.5.1）。装置は正常であることが判明し、樹脂に原因がある可能性が高くなった。海外工場の現場ではこれ以上の原因解明はできないので、日本のスタッフにも状況を伝えて原因解明を依頼した。

　樹脂系要因のアプローチでは、改質を効率良くするために配合した添加剤に着目した。成形品に加工した樹脂のロットにおいて、添加剤が必要な量だけ本当に入っていたかという疑いである。樹脂メーカーに問い合わせると、対象ロットの配合作業履歴はすべて正常であった。それでは、何が原因なのか。これをつかまない限り前へは進めない。

　樹脂系要因をもう一度調べ直すため、樹脂メーカーの協力を得て、源流から出荷までのプロセスを追跡することにした。添加剤（カーボンブラック）をベース樹脂へ混合させる工程があった。刻印文字品質に関係する工程であるた

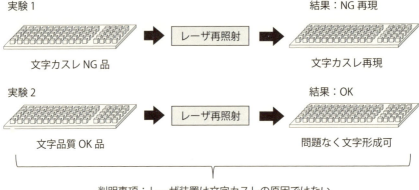

図3.5.1　文字カスレの原因調査

めで、当然ながら決められた正確な分量が配合されていた。

ところが、工程担当者と話をしていると、タンブラーという設備で混ぜ合わせているが、混ぜ方と時間にバラツキの可能性があることがわかった（**図3.5.2**）。混ざり方にバラツキがあると、添加剤がベース樹脂中に一様に分散せず、添加剤の分散密度の低い樹脂が成形に使われ、文字発色せずとのメカニズムには十分な説得力がある（**図3.5.3**）。対象ロットが果たしてそうであったかは確認の方法がなかったが、この仮説をもとに対策を講じることとした。

結果

十分な歯止めレベルの対策にはならなかったが、タンブラー工程において混合する時間を決めて、確実に履行することとした。その後は、刻印文字不良の発生はなくなった。

なお…

本来であれば、不良メカニズムに基づく逆戻りしない歯止め策が求められるが、そのためには樹脂メーカーで混合後の樹脂の出荷前検査（成形して、レーザ刻印して確認）が必要になる。これはあまりに樹脂メーカーへの負担が大きいため、混合工程の作業時間という完全ではない対策を歯止め策とした。

第3章　樹脂

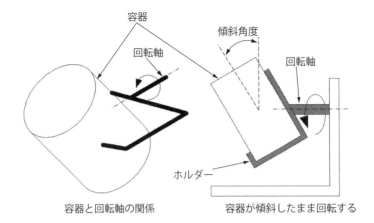

容器と回転軸の関係　　　容器が傾斜したまま回転する

樹脂と添加剤を入れた容器をタンブラーミキサー（容器回転混合機）に取り付けて均一に撹拌する
水平に固定した後に容器の角度を適切に傾斜させ、回転速度と回転時間を設定して撹拌する

図3.5.2　樹脂系要因の調査

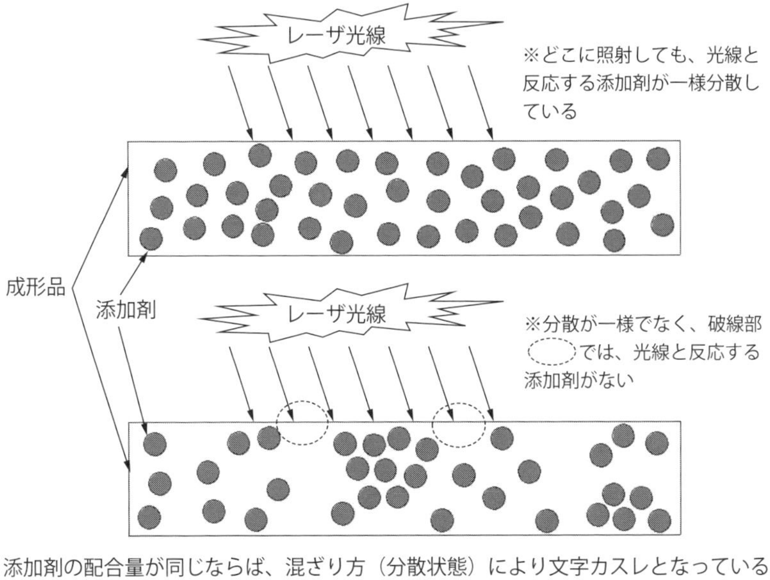

添加剤の配合量が同じならば、混ざり方（分散状態）により文字カスレとなっている。
混ざり方は前工程の混合工程により決まる

図3.5.3　文字カスレ不良のメカニズム仮説

関連解説1　レーザによる刻印品質と加工時間

　ABS樹脂またはPS樹脂に添加剤を配合して、成形後の表面にレーザ照射すると文字が刻印される。照射された成形品面では、①炭化、②発泡、③溶融、④化学反応などの変化が起こり、成形生地色とのコントラストある文字が形成される。

　黒色系の文字が形成される場合は、主に炭化により文字形成となるが、同時に添加剤が吸収した熱により照射ポイント周囲の溶融も同時に起こっているのが普通である（図3.5.4）。白色系の文字が形成される場合、表面が瞬時に熱で発泡（小さな泡が多数形成される）が起きており、入射光が泡の表面で乱反射して人間の目には白く見えるという原理である（図3.5.5）。

　文字の稜線を明確にしつつ、生地色との高いコントラストを図るための照射プログラムの作成が肝要である。品質条件だけではなく、照射開始から照射終了までの時間、製品の装置へのセットおよび取り外しなどの総時間が、2次加工時間（加工費）となるため、どれだけ良い品質文字をどれだけ早く加工できるかの観点も忘れてはならない（図3.5.6、3.5.7）。

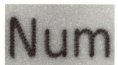

レーザを間欠照射すると表面が炭化しドットが形成される。照射位置を移動してドットを形成する。ドットのつながりが線となり、文字として認識される。太い文字はドットが並ぶ列を複数形成する。図は白系生地色のシボ面に照射して黒色系の文字を形成した例である。拡大するとドットの跡が確認できる。

図3.5.4　炭化による文字形成

レーザ照射は炭化時と同様の間欠照射であるが、照射後に表面が発泡し隣接発泡部と一体となるため、炭化時ほど照射跡（ドット）は目立たない。図は黒系生地色のシボ面に照射して白色系の文字を形成した例である。

図3.5.5　発泡による文字形成

第3章 樹脂

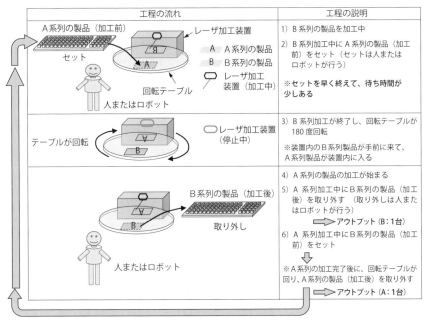

モノづくりの工法では同様の待ち時間が発生する場合がある
本例はそのようなムダの排除に有効な考え方である

図3.5.6 レーザ文字加工における段取り時間削減の考え方

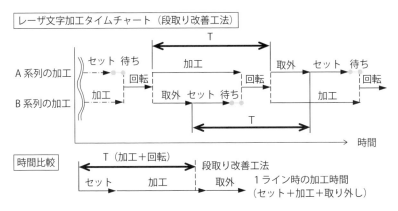

T＝段取り改善工法の加工1サイクル時間（アウトプット1台に要する時間）
＜1ライン時の加工時間（セット＋加工＋取り外し）

図3.5.7 レーザ文字加工時間（加工コスト）

樹脂6　樹脂特性と製品性能

着眼▶
製品性能の向上を図るため、少しでも樹脂特性が良い材料を選定しようとする。樹脂特性が良いと、本当に製品性能は向上するのか

背景

　新製品を開発しようとする人にとって、製品性能を発現する構成部品の「材料」をいかに選択すればよいか、は気になるところである。新製品ばかりではない。同じ製品であってもさらなる製品性能向上、品質維持でコストダウンなどの場面においても同様である。製品が求める性能の大部分は材料特性により決まるため、材料選びは初期段階で行うべき重要な「設計行為」である。

通常

　樹脂材料を選択するに当たっては、製品性能の観点だけではなく、製品を完成させるための全工程（金型製作、成形加工、2次加工、製品組立など）が最適となるような工法検討も同時にしなくてはならない。

　樹脂特性は大きく2つの特性がある。1つは固化した状態における特性である。機械的特性や物理的特性、熱的特性などであり、いずれも製品の機能・性能および耐久性などに関連する特性である（表3.6.1）。もう1つは溶融状態における特性である。金型内での樹脂の流動性が良いと形状を安定して精度高くつくることができ、樹脂の流れに起因する成形不良も少なくなる。いわゆる成形の加工性に関連する特性である。

　成形でしっかりと形状をつくった後、その形状の強度などが製品性能につながる。したがって、これらの樹脂特性が記されている物性表の数値を調べ、より良い数値の樹脂を選択しようとするのである。

表3.6.1　固化した状態における樹脂物性

主項目	詳細項目	略説明
物理的特性	比重	4℃における同体積の水に対する物質の質量の比
	吸水率	水浸漬による重量増加率。乾燥不十分によるシルバーストリーク発生もあり
	気体透過率	水蒸気や気体の通しやすさ
	融点	結晶性樹脂における溶融が始まる明確な温度
機械的特性	引張特性	ダンベル形試験片の引張、ひずみと応力、降伏点、破断点
	曲げ特性	試験片中央を押圧。たわみと荷重。降伏点
	衝撃強さ	シャルピー衝撃試験。試験片破断に要したエネルギー
	硬さ	ロックウェル硬さ。基準荷重と試験荷重を測定面へ負荷。凹みの差から計算
	クリープ特性	応力負荷と時間経過で塑性変形成分が進行する。クリープ破壊。応力緩和
	疲労	試験片に繰り返し応力。試験片破断
	摩擦特性	試験片上面と摩耗輪との摩擦による摩耗重量
熱的特性	ガラス転移温度	非結晶性樹脂が流動性を有する状態となる温度（結晶性樹脂は融点）
	荷重たわみ温度	試験片を圧子で一定静荷重、昇温。規定たわみ値となるときの温度
	ビカット軟化温度	試験片を針状圧子で一定静荷重、昇温。針状圧子1mm侵入時の温度
	ボールプレッシャー温度	試験片へ鋼球を一定静荷重、昇温。規定凹み値となるときの温度
	脆化温度	低温度での衝撃破壊特性
	比熱	1gの物質の温度を1℃上昇させるのに必要な熱量
	熱伝導率	温度差のある2つの物体間の熱の伝わりやすさ
	熱膨張率	温度の上昇による物体の長さや体積が膨張する割合
	熱劣化	長時間加熱による樹脂の熱分解進行により、機械的特性などの劣化
電気的特性	絶縁抵抗	絶縁物に直流電気を流したときの抵抗（体積抵抗、表面抵抗）
	絶縁耐力	耐電圧、絶縁破壊強さ、絶縁破壊電圧などの総称
	誘電特性	電圧印加時に起こる分極現象。誘電率、誘電正接など
	耐アーク性	試験片間に高電圧を加えてアーク発生。消滅までの時間
	耐トラッキング性	電極間が絶縁破壊するときの電解質水溶液の滴下数
	帯電性／導電性	絶縁体は静電気が起きやすい（帯電は体積抵抗を目安）
	電磁波シールド性	遮蔽のため金属／カーボン繊維／導電性カーボンブラックなど
化学的特性	溶解／膨潤	樹脂と薬品のSP値（溶解パラメータ）が近いと溶解・膨潤
	劣化	薬品や樹脂中の添加剤による劣化
	ソルベントクラック	樹脂と薬品と応力の3大要素により発生する
その他の特性	屈折率	物質A、Bの境界面で光の進行方向が変わる。入射角／屈折角
	透過率	入射光に対する透過光の比率
	光沢度	入射光と反射光。乱反射による反射光低下は光沢度下がる
	色相	色の3属性の1つ（彩度、明度）。赤、青、黄など色の様相
	燃焼性	難燃性のランク（燃える、自己消化、難燃）

しかし?

　樹脂の物性値がより良い数値であると、本当に製品性能は向上するのであろうか。ある製品の性能項目に、「静荷重をかけたときの耐久性」があった場合に、その性能を向上させるため樹脂物性の機械的特性「引張強さ」や「曲げ強さ」が該当しそうだとの判断だけで、この数値が高い樹脂を選ぼうとしてはいないだろうか。

　前者は荷重耐久性という製品性能であり、後者の引張強さ等は標準試験片（図3.6.1）での測定値に過ぎない。さらに、前者は静荷重時にも耐え得るという性能であるが、後者の引張強さは引張試験における最大引張応力（主に試験片破断時）を示したものである。つまり製品の耐久性能を検討しなくてはならないにもかかわらず、破断時の数値の比較をしており、さらにあくまで試験片による測定データに過ぎない数値で設計検討をしていることになる。

　製品性能の設計に当たっては、物性値の僅差に一喜一憂してもあまり意味はない。物性値の素性をよく知っておかないと、設計で大きな勘違いをする原因にもなりかねない。

そこで!

　物性値の素性をよく知った上で、設計検討に利用することが大切である。物性値（表3.6.1）は、JISやISOなどで規定された方法で測定される。たとえば引張特性（JIS K 7161）での引張強さの定義は、「引張試験中に加わった最大引張応力」であるが、降伏点を超えて破断に至る領域で使うことを想定した耐久設計を行うことはまずない。

　実際は降伏点を越えない領域で、応力がひずみに比例する領域（高い安全率を確保）で設計する。それには、対象とする各樹脂の応力－ひずみ曲線（S-S曲線）をよく検討することである。ただし、S-S曲線は試験片におけるものである。実際の製品は試験片のように細長く平坦な形状ではないし、厚みも異なる。形状が異なると、発現する強度特性も変わってくる。強度特性に影響を与えることは他にもある。

　射出成形金型で成形する場合には、1カ所以上のゲートからキャビティへ樹

第3章 樹脂

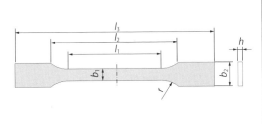

単位：mm

寸法個所		寸法と許容差 タイプA1 (射出成形)
l_3	全長	≧170
l_2	タブ部間距離1 [※1]	109.3±3.2
l_1	平行部の長さ	80±2
r	肩部の半径	24±1
b_2	端部の幅	20±0.2
b_1	中央の平行部の幅	10±0.2
h	厚さ（標準）	4±0.2
	つかみ具間距離	115±1

図は多目的試験片の一般的形状（タイプA1）
※1　l_1、r、b_1およびb_2から求められる寸法値

図3.6.1　ダンベル形引張試験片（タイプA）JIS K 7139

脂が充填する。ゲート位置により、製品各部位の樹脂流動による「分子配向」「繊維配向」ができる。

引張特性は配向と同じ向き、または直角向きでも変わってくる。曲げ特性は、試験片に集中荷重を1カ所に加えたときの応力-たわみ曲線であるが、実際の製品では2カ所以上に荷重が加わる場合もあれば、等分布的に荷重が加わることもある。物性値のいくつかの例を見ただけでも、物性値だけでは製品性能の比較評価にならないことがわかる。

結果

樹脂特性により必要十分な製品性能を得るには、可能な限り製品形状に近い状態で評価をするのがよい。

なお…

樹脂メーカー各社の樹脂特性表には「これらの値は単純な試験片での測定値であり、実際の成形品で同じ値となるとは限らない」との文言が付記されている。製品と試験片とでは、評価対象がまったく異なるわけである。この文言をよく噛みしめて樹脂選択に当たりたい。

関連解説1　比重差でコストダウン

樹脂の物理的特性の中に「比重」という項目がある。鉄の比重は約7、樹脂の比重は約1（ガラス繊維などの添加が多いと数値は大きくなる）である。従来は鉄などの金属だった部品の樹脂代替が進んでいるのは、樹脂の比重が鉄の7分の1と小さく、軽量化が図れるためである（表3.6.2）。

ここで、樹脂同士の比較を考える。成形品は、形状により体積が一意に定まる。「成形品重量＝成形品体積×比重」であることから、同じ形状であれば比重が小さいほど、成形品1個の重量を小さくできる（軽量化の効果）（図3.6.2）。

材料購入の場面を考えると、「材料体積＝材料重量÷比重」であることから、同じ材料重量（25kg/袋）であれば比重が小さいほど、成形に使える材料体積は増えることになり、結果として加工できる成形品の個数が増えることになる。材料価格（25kg/袋）が同じであれば、「材料コスト＝材料価格÷個数」であることから、成形品1個のコストを小さくできる（材料コストの低減効果）。

関連解説2　物性値比較の際の視点

事前にいくつかの樹脂候補を絞り込み、製品形状で欲しい特性が得られるか否かにより、採用する樹脂を最終決定する。樹脂候補を絞り込む段階では、製

表3.6.2　樹脂の比重

記号	名称	比重	参考：比容積（cm³/g）
PP	ポリプロピレン	0.90-0.91	1.11-1.09
PE-LD	ポリエチレン（低密度）	0.91-0.93	1.10-1.08
ABS	アクリロニトリル・ブタジエン・スチレン	0.99-1.15	0.99-0.91
PS	ポリスチレン	1.04-1.07	0.96-0.94
PA	ポリアミド	1.12-1.15	0.92-0.86
PMMA	ポリメタクリル酸メチル	1.17-1.20	0.86-0.83
PC	ポリカーボネート	1.20	0.83
PVC	ポリ塩化ビニル（軟質）	1.16-1.35	0.86-0.74
POM	ポリアセタール（共重合体：コポリマー）	1.41	0.72

比重に単位はない（対象物質の質量（M_1）と4℃の同体積の水の質量（M_2）との比の値である）
比重は温度により変わる（4℃の水の比重を1とする）
密度は「単位体積当たりの質量（g/cm³）」であり、温度により変わる。比重とは異なる指標
比容積は「単位質量当たりの体積（cm³/g）」であり、温度により変わる。密度の逆数である

第 3 章　樹 脂

品によって絞り込み数は異なるも、物性値を参考にすることは十分に合理的なことである。ただし、樹脂メーカー各社により測定・試験された物性値であるという認識を持って臨むことが必要である。

① **JISなどの標準試験片のつくり方**
　○金型でつくられる（例：射出成形機で加工）
　○成形条件は必ずしも同じとは限らない（成形機メーカー、個体差など）
　○標準試験片は規定の寸法公差内であればよい（個々の形状は異なる）（図3.6.1）

② **試験片の測定・試験の行い方**
　○樹脂メーカー各社が保有の装置で測定・試験（装置メーカー、個体差など）
　○試験片の装置への固定状態にバラツキ（例：万能試験機で試験片の引張試験を行う場合、試験片のつかみ部をしっかりチャッキングすることがポイントである。チャッキングの状態により試験結果が変わってくる）

③ **解析ソフトの材料データベース**
　樹脂メーカー各社により測定・試験したデータを集積して、それを解析用材料データベースとしている。製品設計・金型設計・不良要因解析などに使われる。あまり細かい数値にとらわれすぎずに活用すべきである。

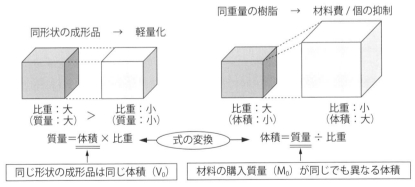

樹脂材料は重量単位で購入する（例：25kg/袋）
同じ購入重量ならば、比重が小さい方が購入体積が大となり、成形品数量を多く生産できる
したがって重量単価が同じ場合、成形品1個当たりの材料費を小さくできる
材料の重量単価が同じでコストダウンが困難な場合、比重の視点で可能性が出てくる

図3.6.2　比重でコストダウン

樹脂7 身近な樹脂製品から学ぶこと

着眼▶
市場で不良品を探すことは実に困難である。それだけ、評価・検査がしっかりしている証拠である。もっと多くのことが現物から学べる

背景

製品性能を達成するためには、製品を構成する個々の部品の材料を適切に決めなくてはならない。

通常

まず初めに各樹脂において、どのような製品分野・用途に適しているかを調べる。次にどのような物性的な特徴があるかを調べ、求められる製品性能に有利な樹脂をいくつか候補に挙げる。そして、最終的に採用する樹脂を決定する（図3.7.1）。

しかし？

この樹脂決定プロセスは、一見すると順を追った適切なもののように感じる。しかし、物性項目は非常に多く、かつそれらの特徴がすべて定量的に示されているかというと、実際はそうではない。◎や○、△、×などの評価がされている強度や適性もあり、樹脂を選ぶ立場としては判断に迷う（表3.7.1）。
　候補の樹脂の特性評や数値などを、書物などの情報から拾い上げただけでは、設計している実製品の目標仕様を満足するか否かはわからない。

そこで！

すでに、市場に出荷された製品をよく観察することにする。樹脂の具体的な使い勝手を知るためである。ここで市場に出荷された製品とは、身近にあるさまざまな製品のことである。観察の仕方の例として、その製品の分野や用途を

第3章 樹脂

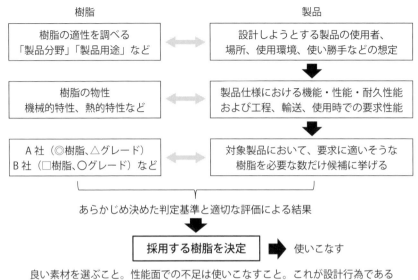

図3.7.1　樹脂の決定プロセス

表3.7.1　定量的ではない樹脂の適性・評価指標（耐薬品性の例）

薬品＼樹脂種	1	2	3	…	9	10
A	△	△	×		×	×
B	◎	◎	○		○	○
C	○	○	○		△	◎
D	○	○	◎		○	△
E	×	△	×		○	○

◎○△×の評価だけで当該製品への採用可否判定はできない
当該製品にとって適切な評価条件であるのか
当該製品にとって「×」評価の持つ意味を考える

知ることができれば、部品材料である樹脂がその分野・用途に使うことができるという「樹脂の適用実績」を知ることができる（**表3.7.2**）。

もちろん、製品や部品が何の樹脂からできているかを知る必要がある。製品を分解して部品を調べると「＞ABS＜」「＞PA66＜」などの材質表示がされている（単純に表示がないもの、部品が小さいため表示できないものもある）。

表 3.7.2　市場の製品を観察して樹脂の適用実績を知る

製品分野	用途	適用樹脂例
電気・電子	電子レンジのスイッチ部	PET（ポリエチレンテレフタレート）、シート状
	掃除機のダストカップ	ABS（アクリロニトリル・ブタジエン・スチレン）
通信機器	パソコン筐体	PC+ABS（ポリカーボネートとABSのアロイ）、ABS
	プリンターのインクリボン	PET（ポリエチレンテレフタレート）、フィルム状
自動車	シートベルト	PET（ポリエステル繊維）
	スピーカーコーン	PA（パラ系アラミド繊維：ポリアミド繊維の一種で高強度）
医療	チューブ・袋	PVC（ポリ塩化ビニル）、TPE（熱可塑性エラストマー）
	注射器	PP（ポリプロピレン）
農業	ビニルハウス	PVC（ポリ塩化ビニル）、PE（ポリエチレン）
	育苗用ポット	PE（ポリエチレン）、PP（ポリプロピレン）
日用雑貨	ヒンジ付きケース	PP（ポリプロピレン）
	透明ケース	PS（ポリスチレン）

製品の構成部品が何の樹脂からできているかを知る必要がある
部品裏側の「＞ABS＜」「＞PA66＜」などの刻印を手がかりにする
分析により高分子組成を調べる（単純な元素分析と異なり同定は難しい）

　次に部品を金型視点で眺めると、どこにゲートがあって、そこから樹脂はどう流れて、流れの終端部形状まで樹脂がしっかり行きわたっているなどの「樹脂の成形性実績」を知ることができる（図3.7.2）。また、部品の厚みや幅を調べて、指で曲げてみて剛性がどの程度あるか、特定部位のひずみ－応力を測定することにより「具体形状での強度実績」を知ることもできる（図3.7.3）。
　部品が何の樹脂からできているかを、逆追いする見方も可能である。なぜ、その材料でつくられているかを考察すると、製品が求めている使用環境などがわかる。なぜ、その形状・寸法となっているかを考察すると、製品の設計思想がわかる。

　これらを複合して推し量ると、知り得なかった「製品の要求仕様」が見えてくる。要求仕様と、必要とする樹脂との関係もわかる。

第 3 章　樹 脂

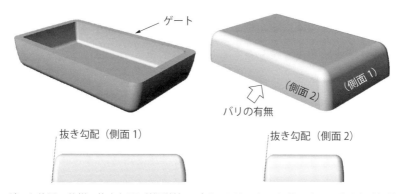

ゲート位置・仕様、抜き勾配（離型性）、バリ、ひけ、ウェルドライン、そり変形など

図3.7.2　金型視点から樹脂の成形性実績を知る

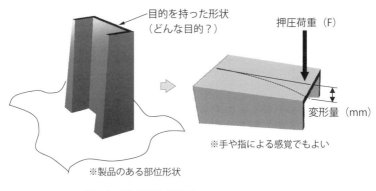

部品の寸法や厚みを知る
指で曲げてみて曲げこわさを知る
部位を切り取って S-S 特性（ひずみ−応力）を調べる

図3.7.3　具体形状で強度などを知る

　製品を分解して壊さなくとも、最初は100円均一で販売されている製品（＝成形品）を眺めるところから始めればよい。いろいろな発見があることだろう。

関連解説 1　削り試作と試作金型による試作の違い

　試作をする仕方にはいろいろある。部品を切削などによりつくり、それらを組み合わせて試作とする「削り試作」は、試作金型で部品をつくる前段階の位置づけにある。製品の働きや部位の剛性などを事前に評価し、試作金型へ反映させることが目的である。

　部品の形状や寸法がこれで良いかどうかを判断することになるため、削り部品の樹脂材料は、金型で成形してつくるときの樹脂材料と同じとする。これにより、削り試作で得た品質と同じ品質を、金型で成形した際にも得ようとするのである。

　しかし、実際の品質は同じにならない。金型で成形した部品の剛性は少し下がる傾向にある。これは削り試作の部品は、無垢の樹脂ブロックから切り出してつくったものであることから、部品形状によらず均質な状態となっている（図3.7.4）。

　一方、金型で成形した部品には、樹脂の流れが存在し、形状により流れの向き（配向）が異なり、ゲート付近と終端部では成形圧力差による密度に若干違

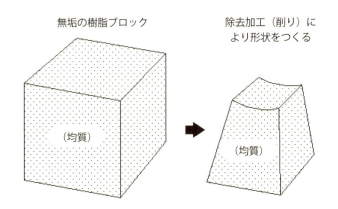

部品形状によらずどの部位も均質な状態となっている
樹脂ブロックはどのように製作されたものか
削り出しは3Dデータ、加工データ（CAM）、簡易フライス加工

図3.7.4　削り試作の剛性特徴

第3章　樹脂

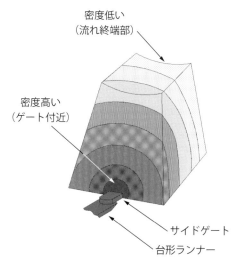

同心円の線上は同時刻の流動先端を表す
分子および繊維配向により部位による収縮状態が異なる
密度の差は冷却時の収縮寸法にも影響（そり、ひけ）

図3.7.5　成形圧力差による密度の違いと剛性

いが表れる（**図3.7.5**）。これらにより、形状・寸法が同じであっても、剛性などの差が発生すると考えられる。

　注意したいのは、削り試作の結果をもって、部品形状や寸法を決定するのであるから、金型で成形した部品は剛性が少し下がることを十分考慮に入れることである。

第4章 成形加工

成形加工 1 　ジェッティングと成形条件

着眼▶
成形品設計や金型設計が良くても、成形機に金型を取り付けて成形加工することで、初めて成形品は得られる。良い加工条件が良い品質をつくる

背景

　金型が完成すると、製品設計者は成形トライに立ち会うことになる。成形トライでは初期の設計図面に対して、①成形品形状が合っているか、②寸法公差に収まっているかを確認する。

　その他、成形品の状態についても確認する。図面では規定が困難な成形品外観品質の確認である。成形品表面に発生した模様などについては、許容できない模様であれば要因を挙げて原因を絞り込み、対策を講じなくてはならない。

通常

　表面に発生する模様には、「ジェッティング」「フローマーク」「エアマーク」「てかり」「シルバーストリーク」「ひけ」「こすれ」など（本項「関連解説1」参照）がある。これらの模様には、それぞれ考えられる要因（金型要因、成形加工要因、樹脂要因、成形品設計要因）がある。模様が典型的な状態で現れてくれれば、原因の特定は比較的容易である。

しかし？

　模様の発生原因を特定することが困難な場合もある。これらの模様は、溶融樹脂の流れ方に起因することが多く、成形品形状やゲート位置・仕様によって流れ方が変わることは要因の1つである。たとえば、「ジェッティング」という現象の典型的な例を示す（**図4.1.1**）。成形品形状やゲート仕様によっては、このような明確な状態とならない。成形品表面の状態だけで、原因の特定が難しい場合はある。

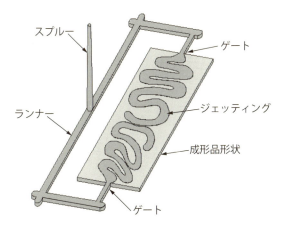

ゲートからキャビティへ溶融樹脂が飛び出してできる模様
充填が終わり冷却完了しても表面の模様が残る

図4.1.1　典型的なジェッティング

　成形条件を変えてみる。これにより、成形品表面に状態変化が現れるようであれば、そこに何らかの因果関係を見出すことができる。たとえば、ジェッティング現象のメカニズムは、「樹脂の流れの勢いが強すぎて、ゲートから金型キャビティ内へ溶融樹脂が飛び出すように充填され、その飛び出した軌跡が冷却固化した後に残る」というものである。つまり対策のためには、樹脂をゲートから勢いよく飛び出させなければ良いわけである。

　加工における成形条件設定はいろいろあるが、その中でも「射出速度」「射出圧力」の制御設定が、ジェッティングには効果がある。成形品形状（図4.1.2）における2つの成形条件による違いを見てみる。成形サイクル（1ショットの成形時間）を短くするために、射出速度を速くして充填するとジェッティングが発生する（図4.1.3）。ゲートからの樹脂の飛び出しがないようにするために、樹脂がゲートを通過するタイミングのみ射出速度を遅くする。そして、ある程度の樹脂量がゲートを通過したところで射出速度を速めるのである。

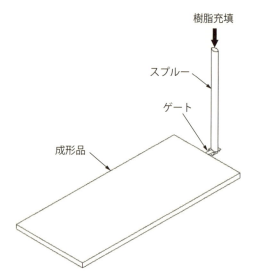

図4.1.2　成形条件による違いを確認するための成形品形状

遅いままでは、全体の充填完了時間（成形サイクル）が長くなるためである。ジェッティングの恐れがなくなった時点で、成形サイクルを短くする成形条件に変えて、充填完了に向けて速度を落とし、最後は射出圧力制御に切り換える（バリ防止など）のである（**図4.1.4**）。昨今の成形機では、このような多段階の制御が可能であり、樹脂の流し方により成形品質を制御可能である。

結果

細かな成形条件の設定により、ジェッティング現象を解消することができた。

なお…

成形条件を変えても、現象に変化がなく解消しない場合は、現象の見立てが間違っていた場合がある。別な現象メカニズムの可能性を当たり、考えられる要因に対して条件を変えてみて、現象変化の確認を繰り返すことが解決の近道となる。

第4章 成形加工

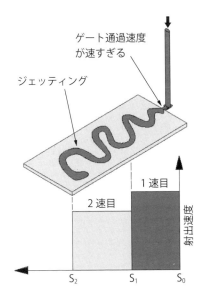

図4.1.3 射出速度を速くして充填した場合

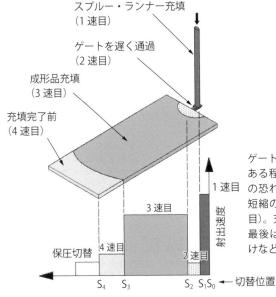

図4.1.4 射出速度の切替によりジェッティングを回避

関連解説 1　成形不良の現象・要因および主な対策

表4.1.1に記した項目は、一般に成形不良と呼ばれているものである。これらの成形不良がどのような現象かを知ることがまず第一に重要である。

成形不良という表現から、成形加工がその原因と思われがちであるが、実際には要因はさまざまである。樹脂や金型、あるいは成形品設計のまずさが引き起こすものもある。成形品設計が要因の成形不良は、成形現場で解決するものではない。成形条件で何とか対応する場合もあるが、許容値内に収めるための加工条件幅が狭くなり、安定生産できなくなる恐れがある。根源的な対策をすべきである。

表4.1.1　成形不良の現象および主な原因/対策

No.	不良名称	不良現象・要因	主な対策
1	ショートショット	樹脂が金型に充填しきらず、成形品の形状の一部が欠けた状態となる現象	①流動抵抗を小さく（金型ゲート、成形品肉厚） ②エアーベントを設ける ③樹脂温度を高く、射出圧力を上げる
2	ジェッティング	ゲートを通過した樹脂がキャビティ内に飛び出し、蛇行したような流動痕となる現象	①ゲート見直し（位置、形状） ②ゲート通過時の射出速度を遅くする
3	フローマーク	固化開始した表層を後続の溶融樹脂が引きずるようにしてできた貝殻状の模様	①金型温度を高く、樹脂温度を高くする ②射出速度を速くする
4	白化	突出しピン周辺、離型しにくい部位における成形品の白濁現象	①成形品の抜き勾配を増す ②突き出し見直し（ピン数、位置、形状）
5	シルバーストリーク	a) 吸湿した樹脂からの水蒸気または樹脂から発生するガスが成形外観表面に筋状に現れる現象	予備乾燥を十分に行う（樹脂種ごとの温度、時間）
		b) 金型内のエアーが巻き込まれて筋状模様	射出速度を遅めに、ゆっくり充填する
		c) 樹脂が熱分解して筋状模様	樹脂温度を低く、シリンダー内滞留を防止
6	オーバーパック	金型のキャビティ容積以上に、樹脂を金型内へ注入（過充填）すること→バリ。金型損傷する	ショートショット成形を行いながら、フル充填となる前に圧力制御へ切り換える
7	ガス焼け	成形品の表面全体または一部が変色したり、閉じ込められたエアー/ガスにより成形品が燃焼する現象	①エアーベントを十分にする ②樹脂温度を低く、射出速度を遅くする ③偏肉をなくす（肉厚が薄すぎる部位の見直し）
8	こすれ	離型時に成形品表面（キャビティ面、コア面）と金型との摩擦によってできたこすれ傷	①抜き勾配とシボとの適正を図る ②キャビティ型の温度を上げる（密着抵抗小さく）

関連解説 2　ヘジテーション現象が原因で発生する成形不良

ヘジテーションとは「樹脂の流れが停滞する」現象である。細いリブは流動抵抗が高いため流れが停滞し、金型に熱を奪われて固化し、結果としてリブが形成されないので「ショートショット」となる（**図4.1.5**）。また、流動抵抗が異なる形状を持つ成形品では、流速の違いから「ウェルドライン」となる（**図4.1.6**）。

ヘジテーション現象そのものは不良ではないが、これが原因で別な不良を誘発することがあるので注意が必要である。

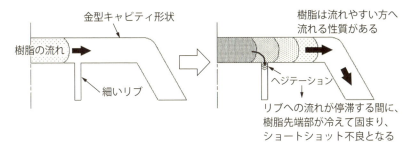

図4.1.5　ヘジテーション現象によるショートショット不良

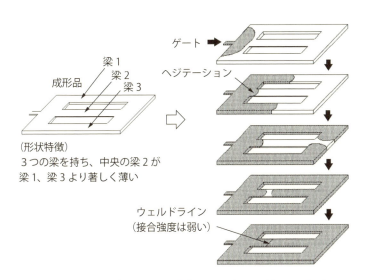

図4.1.6　ヘジテーション現象によるウェルドライン不良

成形加工 2 不良を見越した設計図面

着眼▶
設計図面とは、設計者の意図を正しく確実に相手へ伝え、設計者の意図通りのモノを得ることを主目的とする伝達手段である

背景

製品の原図設計（機能や性能を満たすように、製品全体の形状や動作などを決める）を終えると、製品を構成する個々の部品に分けて、部品図を作成する（図4.2.1）。製品全体の目標QCDが成り立つように、個々の部品も目標QCDを設定し、それを部品図へ具体的に落とし込む（材質、工法、形状や寸法および公差を記す）。この部品仕様を元に部品を加工することになる（図4.2.2）。

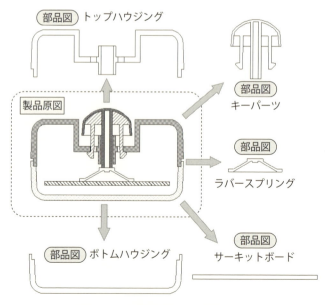

図4.2.1　製品原図から部品図を作成

第 4 章　成形加工

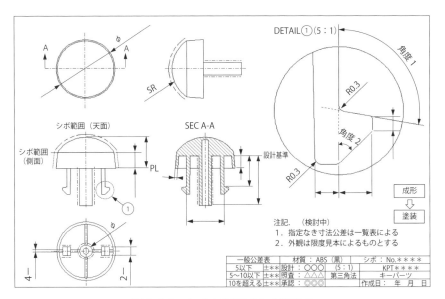

図 4.2.2　作成中の部品図（三面図）

新規部品の場合、ポイントとなる仕様について加工依頼先と打合せを行う。従来部品と同等の部品であっても、依頼先へ仕様のポイントを伝える。これにより、設計者の意図を盛り込んだ図面内容を相手に100%理解してもらい、確実に自分の欲する部品を得ることにつなげるのである（**図4.2.3**）。

しかし?

これだけ確実に意思伝達を行っても、意図通りに進まない場合がある。モノづくりにおいては、仕様を決めて加工したらそれで終わりではなく、仕様通りになったかを検証しなくてはならない。Plan→Do→CheckのCheckである。

検証では、図面に謳った仕様（寸法、成分、色調など）を検査することとなる。寸法検査では、対象部品に相応しい方法で測定して、寸法公差に収まれば合格である。ところが、部品受入の検査で揉めることがある。なぜ受入検査でNGとなり、揉めるのか。それは測定方法について双方の解釈に齟齬が発生し

123

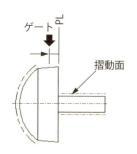
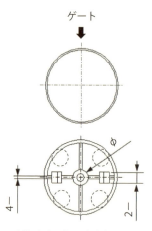

注記．追加
※サブマリンゲートとする（図示）
※側面の抜き勾配は1度とする
※そりは 0.2 以下とする
※フックは無理抜きとする
※軸などの摺動面の粗さは Ra＊＊とする
※なお，詳細は金型打合により決定する

※破線（4個所）は突き出し可とする
　ただし，外観にひけなきこと

図4.2.3　部品図へ設計の意図をしっかり盛り込む

たことが原因である。「そり寸法の許容値」もそのような例の1つである。射出成形によりつくる部品のそりの程度は部品形状により変わるが、そりをゼロにすることは不可能である。注記に「そりなきこと」と記しても、そのような加工は現実的ではない。そりの発生を前提に「そり寸法の許容値」や「そり発生の向き」などを図面に謳っておくことが、実情をよく把握した設計ということになる（**図4.2.4**）。それでも揉めごとが起きる場合がある。それは「そりの測定方法」の解釈の違いから起きる（**図4.2.5**）。測定方法を明確に図面の中に謳い、それを相手にしっかり伝え、設計者の意図通りに正しく伝わっていたか。

設計図面が「意図を伝えて意図通りのモノを得る」役目を持つとの認識に立ち、図面の中に設計者が考える「そり定義」を入れ、図面を見ることになるすべての人の解釈がただ1つに定まるようにした。

そりに対する見方が明確となったことにより、加工をする人、それを検査で

第 4 章　成形加工

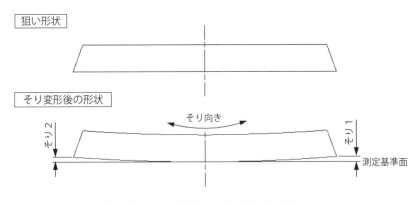

図 4.2.4　そり変形後の形状およびそり定義

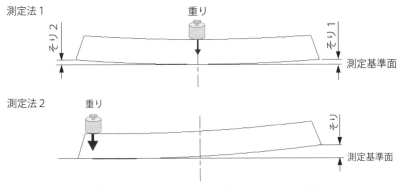

サプライヤ側：測定法 1 により大きい方のそりを対象
部品受入側：測定法 2 により発生したそりを対象

図 4.2.5　解釈の違いから起こる揉めごとの一例

受け入れる人の間での揉めごとはなくなった。

　設計者の手を離れると、設計図面はモノづくりに関わるいろいろな立場の人が見ることになる。海外へ加工を依頼する場合においては、精密な測定機を持っていない等の理由により、寸法定義通りに測定できない場合がある。設計者は寸法がどう測定されるのかにも想像をめぐらせることが大切である。

関連解説1　注記という名の仕様

　部品図面は、形状寸法を付与した三面図、一般公差表、部品名／設計者名などの標題欄、注記などから構成される。一見すると注記とは「注意事項」のようにも感じるが、立派な仕様であるので勘違いしないようにしたい。三面図に付与しにくい内容の仕様を注記に謳うのである（**図4.2.6**）。

　注記は、モノの仕様を謳ったものであるが、三面図の中の数値で表された仕様とは異なり、言葉で表現された仕様である。言葉の定義空間は広いので（対象を定義するために表現された言葉は、捉え方によっていろいろな解釈がありえる）、図を用いて解釈の余地がないようにしているわけである。

　注記の示す内容で、わかりにくい例を挙げる。

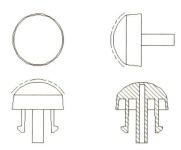

注記．1．指定なき寸法公差は一覧表による
　　　2．フックの中心線からのずれは0.2以内とする
　　　3．サブマリンゲートとする
　　　4．側面の抜き勾配は3度とする
　　　5．フック先端は管理寸法とする
　　　6．そりは0.2以下とする
　　　7．外観は限度見本によるものとする
　　　8．詳細は金型打合により決定とする

図4.2.6　注記は言葉で表した仕様である

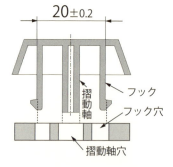

摺動軸は必ず中央の穴に入るので、フック間の寸法が公差内であったとしても、中心からのずれが大きいとフックとフック穴とがぶつかってしまう

図4.2.7　中心からのずれ寸法が定義されている場合

第4章 成形加工

○中心線からのずれは0.1mm以内とする（**図4.2.7**）

どこの個所の寸法を指しているのかを特定しなくてはならない。中心線から左右の両側に同じ形状がある場合には、中心振り分けで寸法を付与することが多い。その指示だけで十分という場合も実際ある。しかし、この注記がある場合には、左右の形状中心を求めて、その中心が中心線から0.1mm以内であるかが追加で必要になる。振り分け寸法が合格となるだけではダメなのである（**図4.2.8**）。

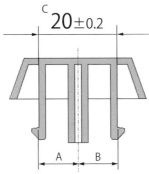

寸法定義		寸法検証	
中心振り分け寸法	20±0.2	実測寸法	C＝20.05　よってOK
中心ずれ	0.1以内	中心ずれ	｜A－B｜÷2＝｜10.15－9.9｜÷2 ＝　0.125＞0.1 よってNG

図4.2.8　中心振り分け寸法と中心ずれ寸法の検証例

成形加工 3 肉を削って早く冷やしてコストダウン

着眼▶
成形加工の場面で、製品設計がコストダウンできるテーマがある。成形サイクルを短くしてほしいとお願いするではなく、己のチャレンジで時短する

背景

製品設計者は、製品の品質（Q）、コスト（C）、納期（D）の目標値を定め、目標達成へと活動する。コストにおいては、目標値と現状値との差分の金額を埋める活動となる。差分を埋めるためにどうやれば良いかのアイデアを捻りだし、取組み可能な具体課題を形成する。課題を形成できたら実行担当と達成納期を決めて走り出すのである。

コストダウンの対象やアプローチは、製品によりいろいろであるが、モノづくり系の対象に絞ると、①材料費を下げる、②工程費を下げる、③減価償却費を下げる（設備など）となる。各対象を下げるためにアイデアを出し、達成手段として課題を形成するのである。

製品設計者は、これまでは①材料費だけを考えていればよかった。これからは②工程費、③減価償却費についても、積極的に関与してコストダウンを図っていかないと、とても目標値にはたどり着けない。

通常

成形品においては成形加工費を下げることが、②工程費を下げることにつながる。一般には成形工場ごとに単位時間当たりの加工賃率が定められ、それに成形時間（サイクルタイム）を乗じて、1ショットの成形加工費としている。1ショットの時間を短くすることができれば、成形加工費（工程費）を下げることができる。しかし、成形加工について何も知らなければ、成形加工のオペレータに何とか少しでも時間を短く加工してもらえるようにお願いするしかない。

第4章　成形加工

　そのような人任せのコストダウンで良いはずがない。成形加工そのものは依頼するしかないが、製品設計者としてコストダウンの取り組み課題を形成することはできないのであろうか。このような場合は、固まりのように見えるものを1つひとつ分解して、それらのつながりがどのようになっているかを調べることが重要である。成形加工の1ショットは、実は細かな成形機の動きから構成されており、各々の動きには意味がある（**図4.3.1**）。

　成形機の各動作にかかる時間を合計した時間が1ショットの時間となる（**図4.3.2**）。各時間の持つ意味を考察し、どこまで縮めることができるかを検討す

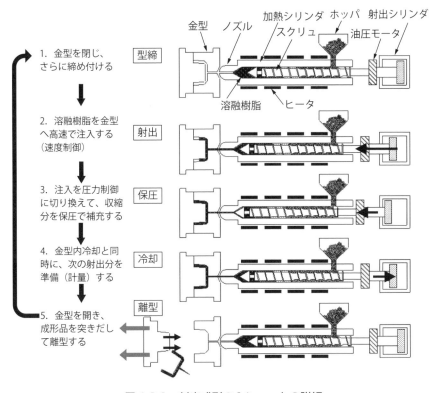

図4.3.1　射出成形の1ショットの詳細

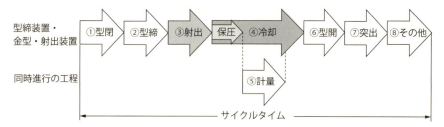

※成形品が小物の場合は、⑤計量時間は④冷却時間よりも短くなり、全体のサイクルタイムには影響しない。しかし、1回の射出容量が大きくなると、⑤計量時間が④冷却完了後も継続する場合がある
※⑧その他とは「成形品を手動またはロボットで成形機から取り出す」などの工程に掛かる時間（型閉を開始できるための最小時間）

図4.3.2　サイクルタイムの内訳

ることで、コストダウンのためのアイデア発見につながる。型閉→型締までの時間は、成形機の動作にかかる時間であり、これを必要以上に短くすると金型の衝突や破損のリスクが高くなる。射出時間は成形品の体積、成形品品質つくり込みにも関係する。単に短時間に大容量を射出すれば良いものでもない。射出が完了すると成形機としては動きのない状態となる。これが冷却である。しばらくして金型が開き、成形品を離型、ロボットハンドなどで取り出しが終わり、次の型閉を始めるまでが成形の1サイクルとなる。

　成形機の各動作は、リスクを回避しながら最短の時間に設定されている。ではどこに時短の要素があるのだろうか。

そこで！

　動きのある工程ではなく、逆に動きのない工程に視点を当ててみる。冷却時間である。射出成形は「樹脂を溶融して、金型へ射出して、冷やして固めて、取り出す」加工である。金型の中は見えないが、確かなことは、冷却時間の経過後「射出されたときの溶融樹脂の温度（高い）が、固まるときの樹脂の温度（低い）になる」ことである。これは樹脂が金型に熱を奪われて温度が下がるのである（図4.3.3、表4.3.1）。

　樹脂を冷却する金型の能力が一定であるならば、最初の溶融樹脂が持つ熱量が小さいほど冷却時間が短くなる。ここで熱量が小さいとは、すなわち樹脂の体積が小さいということである（図4.3.4）。樹脂の体積を小さくすることは形

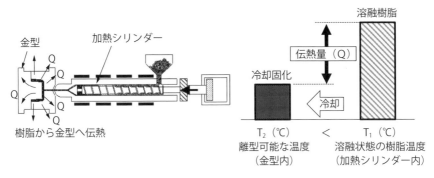

図4.3.3　樹脂から金型へ伝熱

表4.3.1　樹脂から金型への伝熱量

$$Q = W \times \{C_p(T_1 - T_2) + L \times C\}$$

Q：樹脂から金型への伝熱量（kcal）
W：樹脂重量（kg）
C_p：樹脂の比熱（kcal／kg・℃）
T_1：溶融樹脂温度（℃）
T_2：離型温度（℃）
L：結晶性樹脂の潜熱（kcal／kg）
C：結晶性樹脂の結晶化度（0.1〜0.8）

出典：福島有一「よくわかる　プラスチック射出成形金型設計」P93、日刊工業新聞社（2002）をもとに作成
※潜熱：物体の状態の変化のためにのみ使われる熱
　　　　熱を加えても状態変化が完了するまで温度は一定
　　　例）固体→液体（融点）、液体→気体（沸点）

状に関わることであり、ここに製品設計者の出番がある。成形品の形状を小さくすることは、デザイン変更になる場合が多いので難しい。同じ効果とするには、肉厚を薄くするのが現実的である（**図4.3.5**）。

結果

　成形品の肉厚を2mm（従来）から1.8mmへと薄くすることにより、全体の成形時間を0.82秒短縮できた（**表4.3.2**、**表4.3.3**）。これにより工程費をコス

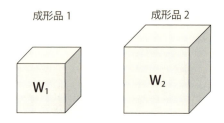

重量は $W_1 < W_2$ … (1)
成形品1および2は温度変化は同じ $\Delta T = T_1 - T_2$
成形品1および2は同じ樹脂であるので C_p も同じ

伝熱量 $Q_1 = C_p \times W_1 \times \Delta T$
伝熱量 $Q_2 = C_p \times W_2 \times \Delta T$

よって $Q_1 < Q_2$ … (2)

仮に Q_v を金型の冷却速度(単位時間に奪える熱量)とすると、(2)より、冷却完了までの時間(t)は

$t_1 (= Q_1 / Q_v) < t_2 (= Q_2 / Q_v)$ …(3)

よって、重量が小さい方がサイクルタイムは短くなる
同じ樹脂なので密度(ρ)も同じ。体積関係は(1)より

$V_1 (= W_1 / \rho) < V_2 (= W_2 / \rho)$ …(4)

◆体積(設計形状に関するパラメータ)を小さくすることが、サイクルタイムを短くすることにつながる

図4.3.4 熱量と冷却時間の関係

トダウンできた。さらに嬉しいことに、肉厚を10%薄くしたことで材料費10%のコストダウンとなった。

薄肉とすることにより、製品によっては必要十分な強度が得られなくなる場合もある。このようなときは、リブを適切に設けることにより補強を図る。補強の効果については、静荷重解析により、どれだけオリジナル肉厚強度と同等となるかを検討する。

第4章 成形加工

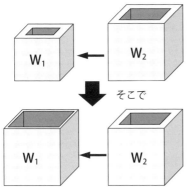

体積を減らすのにサイズを小さくするのは
デザイン変更になる場合が多く、現実的ではない

そこで

形状とサイズは変えず、肉厚変更のみで対応

図4.3.5 体積を減らすには薄肉にすればよい

表4.3.2 冷却時間の理論式

理論冷却時間の算出式	$t_c = \dfrac{H^2}{\pi^2 \times a} \times \ln\left(\dfrac{4}{\pi} \times \dfrac{T_p - T_w}{T_x - T_w}\right)$

t_c：理論冷却時間（h）
H：成形品の肉厚（m）
a：樹脂の熱拡散率 $= \lambda / (\rho \times C_p)$（m²/h）
T_p：溶融樹脂温度（℃）
T_x：熱変形温度最小値（℃）
T_w：冷却穴内壁温度（℃）

出典：福島有一「よくわかる プラスチック射出成形金型設計」P95、日刊工業新聞社（2002）をもとに作成

表4.3.3 成形品の諸厚みでの理論冷却時間を求める

成形品肉厚（mm）	H^2（×10⁻⁶ m²）	理論冷却時間（sec）	
3.0	9.00	9.77	
2.5	6.25	6.79	
2.0	4.00	4.34	▲0.82
1.8	3.24	3.52	
1.5	2.25	2.44	
1.0	1.00	1.09	

樹脂：ABS
密度（ρ）＝1,030 kg/m³
比熱（C_p）＝0.35 kcal/kg・℃
熱伝導率（λ）＝0.2 kcal/m・h・℃
溶融樹脂温度（T_p）＝220℃
熱変形温度最小値（T_x）＝93℃
冷却穴内壁温度（T_w）＝52℃

熱拡散率（a）＝$\lambda / (\rho \times C_p)$
＝0.2/(1,030×0.35)
＝5.55×10^{-4} m²/h

関連解説1　サイクルタイムと金型生産能力

　サイクルタイムの1秒の短縮を、「たったの1秒」と捉えるか「1秒も」と捉えるかで、時短取組みへの力の入れ方も異なってくるであろう。従来15秒で成形していた4個取りの金型で、1秒縮まって14秒で成形できるようになると、どんな世界となるのか？　これは想像力ではなく実際に計算してみると影響の違いが目で見てわかる（図4.3.6）。

　月産の加工能力は約5万個の差となる。成形加工費を下げることができるだけではない。ここで顧客から73万個／月の注文が入ったとする。金型Bは1型の生産能力で対応可能である。金型Aは1型では加工できないため、もう1型を製作して対応しなくてはならなくなる。これにより、金型費用の追加と成形機1台の手配が必要となってくる。これは設備費用のアップとなり、費用回収は減価償却されるため、結果として成形品コストがアップする。

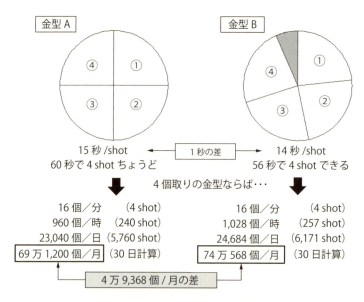

図4.3.6　サイクルタイムと金型生産能力

関連解説 2　サイクルタイムと金型設計

　部品図面を描いて、金型設計へ図面を渡したら後は知らないでは、それこそ知らないところで成形品コストがアップすることになるかも知れない。詳細の金型設計は当然ながらお願いするわけだが、成形品肉厚だけがサイクルタイムを決めているわけではないことを知っておくと、金型製作の依頼時に見方が変わる可能性がある。

　まず、製品の生産仕様（月産いくつ必要か）を満足するように金型設計する。4個取りの金型では、キャビティが4つとなるので、各々のキャビティまで樹脂を流すランナー設計がされる。しっかり安定に樹脂を流すことを重視してランナーやスプルーが太く設計されることもある（**図4.3.7**）。そうなると成形品の冷却時間よりもスプルー／ランナーの冷却時間の方が長くなってしまい、成形品の肉薄チャレンジの意味がなくなってしまう。

　視野を広げると見えてくるものがある。トータルで目標を達成できるようにしたい。

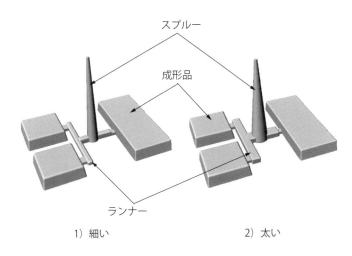

1) 細い　　　　　　　　　　2) 太い

スプルー／ランナーが冷却を律速するようでは、成形品の薄肉化と強度維持設計を行っても、サイクルタイムは短くならない

図4.3.7　太すぎるスプルー／ランナー

成形加工 4 　必要な色を必要な量だけつくる

着眼▶
顧客が望むものは機能や性能ばかりではない。同じ製品でも人は自分の好きな色を選びたい。どの色をいくつ仕込んでおけば良いか

背景

パソコン用キーボードは、タイプすることにより、人の意思を機械へ伝える機能を持った機器である。デザインが異なっても、キーボードの基本は同じである。

通常

パソコンのスタイルは、デスクトップ（卓上型）とモバイル（携帯型）がある。入力用のキーボードのタイプは、前者はスタンドアロン（独立型）、後者はビルトイン（内蔵型）である（図4.4.1）。パソコンにより文書を作成する場合など、キーボードは欠かせない機器であり、いずれのキーボードにおいても「使いやすさ」は優先する性能である。

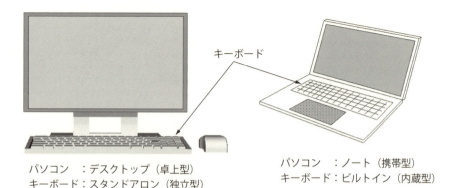

パソコン　：デスクトップ（卓上型）
キーボード：スタンドアロン（独立型）

パソコン　：ノート（携帯型）
キーボード：ビルトイン（内蔵型）

図4.4.1　パソコンのスタイルとキーボード

人には個性があり、キーボードは長時間にわたり人が使う道具であることから、自分の好みを反映したい文具的な存在でもある。実態は、メーカー添付や内蔵のキーボードをそのまま使うことも多いが、もし自分で選ぶことが可能となれば、好みの色を使いたいことも多いのではないだろうか。

　実際、スタンドアロンタイプのキーボードを受注して、最初は1色だったものが、その後5色を加えたラインアップとしたいとの要求があった。これによりユーザーはこれらの色から自分の好きな色のパソコンを選んで購入することができたのである。作り手としては、各色の受注情報を得てからでは間に合わないので、受注予測の元に材料を仕込み、生産をすることとなった。

　人の好みは予測が難しく、人気色の製品は多く生産しなくてはならなくなり材料が間に合わず、不人気色は受注が伸びず材料が余るようになった（図4.4.2）。このままでは使われない部品や材料は不良在庫（死に在庫）となってしまう。

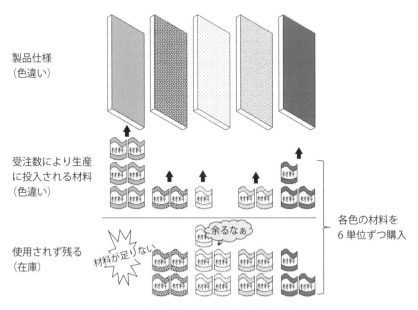

図4.4.2　製品の受注仕様と材料在庫

そこで！

マスターバッチにより着色することにした。マスターバッチとは「高い濃度の顔料が練り込まれ、着色したい指定色よりも濃い色のペレット」のことである（図4.4.3）。マスターバッチとナチュラル材（着色していない状態の樹脂）を一定の比率で混合して成形することで、容易に成形品を指定色に着色することができる（図4.4.4）。受注総量分のナチュラル材を準備し、受注のあった色のマスターバッチを混合することにより、必要な色の材料を必要な量だけつくることが可能となる（図4.4.5）。

指定色の材料ペレット

マスターバッチ
（指定色よりも濃い材料ペレット）

図4.4.3　マスターバッチ

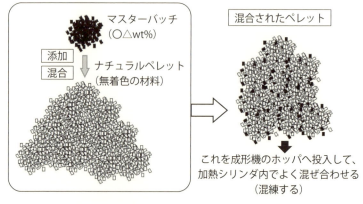

指定された量のマスターバッチを添加してよく混ぜ合わせる

図4.4.4　マスターバッチにより要求色材料をつくる

第4章　成形加工

結果

注文した材料をムダにすることもなくなり、必要な色を必要分しかつくらないので、不良在庫もなくなった。

なお…

従来の方式では、指定色に着色されたペレットを、そのまま成形機へ投入して成形加工することができた。成形品の色はペレットの色であり、色品質については保証された材料を成形するだけで再現しやすい。マスターバッチによる着色は、扱いが容易とは言え、指定の色（これも品質の1つ）を成形の現場でつくり込むこととなる。正しい混合比率となるように、正しく計量して混合し、射出装置内での十分な溶融、混練により、顔料が一様に分散して指定色の着色となるよう品質責務を負う。

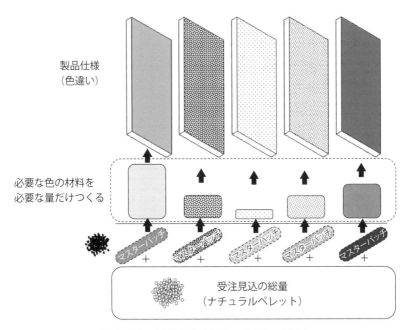

図4.4.5　材料在庫としない生産への対応

関連解説1　着色の仕方

形状を持った「成形品」のレベルで眺めた場合「①表層のみの着色」「②内部まで均一に着色」の2つに大別される。①には「塗装」「めっき・蒸着など」「印刷」がある。マスターバッチは②に含まれる（**表4.4.1**）。

関連解説2　顔料ばかりでないマスターバッチ

着色目的のマスターバッチばかりではない。成形品の持つ機能を向上させるために、機能性材料を含有するものもある。たとえば、カーボンブラック（炭素の微粒子）を混ぜることにより耐候性を向上させ、導電性を持たせることも可能である。

関連解説3　マスターバッチと物性

着色や機能性付与を目的に着色剤や機能性材料を練り込むが、ベースとなる樹脂から見れば、これらは成形品に混入した異物である。混合比率が高くなると機械強度の低下を招くので注意が必要である（第3章「樹脂2」参照）。

表4.4.1　成形品の着色の仕方

着色の程度	種類	備考
①表層のみの着色	塗装	
	めっき	
	真空蒸着	物理蒸着（PVD）、化学蒸着（CVD）
	印刷（インクなど）	
②内部まで均一に着色	マスターバッチ	配合率により色の濃淡を調整可能
	着色ペレット	最終色に設定されたペレット。扱い容易も在庫が必要
	ドライカラー（粉末状）	安価。飛散するなど取り扱い面の難あり
	ペーストカラー（液体状）	粘度高め
	リキッドカラー（液体状）	

関連解説 4　樹脂材料の成分検証

　製品の付加価値を高めるために、樹脂材料に機能性材料の添加や成形後の表面処理などがよく行われる。外部調達の材料、購入部品などは環境負荷物質の含有判定を行う（**図4.4.6**）。注意すべきは内製により生産する部品などである。現場で添加する材料や2次加工の工程には注意したい。すべての加工が終わってから含有判定NGでは遅いのである。

蛍光X線分析装置外観

装置本体　　分析処理

小型卓上サイズの装置もあり、製造現場などに適している

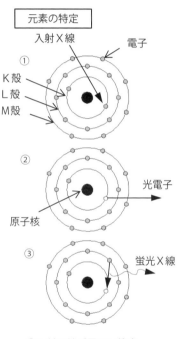

元素の特定

①入射X線が電子に衝突
②電子は光電子となり飛び出し、元のK殻軌道には空孔ができ、原子は不安定な状態となる
③L殻電子が空孔に落ち込む際、差分エネルギーが原子固有の蛍光X線として放出されるこれにより元素を特定できる

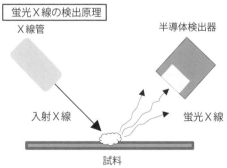

蛍光X線の検出原理

試料にX線を照射すると、元素に特有の特性X線（蛍光X線）を放出する
※図は「エネルギー分散型蛍光X線分析法」を示す

図4.4.6　XRF（蛍光X線分析装置）と元素検出原理
XRF（X-ray Fluorescence）

成形加工 5 ウェルドラインをなくす技術

着眼▶
金型へ樹脂を満たせば、望む形状が必ず得られるというわけではない。樹脂の流れと品質とのメカニズムを知り、設計に活かす

背景

製品のデザインや性能を実現するために、外観や内部の部品は各々全体を満足するよう形状設計がなされる。形状は、平板状、流線立体、穴や空洞のある形状などさまざまである（**図4.5.1**）。これらの形となるように金型を彫り込み、そこへ樹脂を満たして望む形状の成形品をつくる。

成形品は金型彫り込み形状を転写してつくられるが、穴がある成形品などで金型彫り込み形状がそのまま転写せずに、成形品表面に一筋の線状痕を残す場合がある（**図4.5.2**）。これはウェルドラインと呼ばれる成形不良の1つである。

通常

成形品の用途が製品内部で使用される機構または機能部品である場合は、線

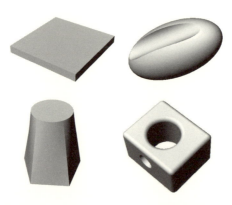

図4.5.1　製品を成り立たせる部品の形状設計

第4章 成形加工

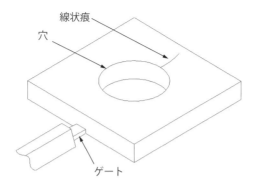

図4.5.2 成形品表面の一筋の線状痕

状痕があったとしても外観品質の不良になることは少ない。むしろ部品の持つ性能がしっかり発揮されるのかが問われる。そのため、ウェルドラインが発生している部位が問題になる場合がある。

ウェルドラインとして表面に見えている線状痕は、実は表面だけの現象ではない。成形品内部での樹脂の流れがぶつかってできた接合面が、表面に見えているものである。つまり、接合面がしっかりくっついていない状態（接合強度が小さい）だと、そこに機械的な力が作用する設計であった場合に、容易に接合面が破壊して成形品が割れや折損を起こすこととなる。

このような事態を回避するために、ゲートの位置を変えて発生する位置をずらす方策が取られる（**図4.5.3**）。あるいは成形品の流れの終わりに発生する場合には、ダミー形状を付加してそこへウェルドラインを誘導して、成形後にダミー形状を切除する方策もある（**図4.5.4**）。

しかし？

ゲート位置やダミー形状の方策を行うも、著しい効果が得られない場合もある。成形品の形状はさまざまであり、形状によって樹脂の流れ方が変わることから、これら方策効果の程度も異なるからである。外観となる部品においては、ウェルドラインの発生位置が少しずれたところで根本的な解決とはならない。

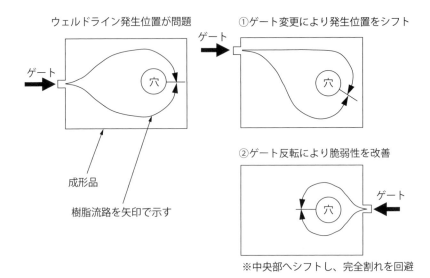

図4.5.3　ゲート位置でウェルドライン発生位置を変える

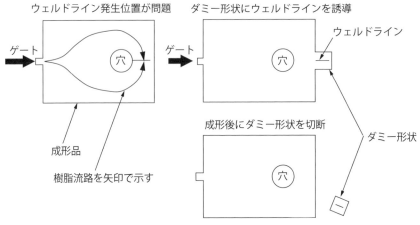

図4.5.4　ダミー形状へウェルドラインを誘導

第4章 成形加工

そこで!

ウェルドラインの発生メカニズムに立ち戻って、なぜ発生するのかをもう一度よく考察してみる。合流部の樹脂が完全に混ざり合わずに、接合面を形成して固化している。合流部へ流れてきた樹脂の温度が低くなって粘度も高くなり、混ざり合うのに十分な条件が揃わないことが一要因である。合流部の樹脂の温度を高くし、粘度が低い状態になるとよく混ざり合うはずである。樹脂の温度を高めるには、合流部の金型温度を高めればよい。

結果

合流部に発生していたウェルドラインが消失した。

なお…

金型温度を高くすることにより、金型の冷却機能が低下することになるので、このままではサイクルタイムが長くなり生産能力への影響が大きくなってしまう。この影響を小さくした実用的な専用金型が市場にはある。それが、急加熱急冷却金型（Heat & Cool金型）と呼ばれる金型である。

樹脂温度を高めるために、必要部位の金型温度を急加熱することができる。これによりウェルドラインができずに十分に樹脂が混ざり合ったタイミングで、金型を急冷却するのである。これにより、ウェルドラインの発生を抑えると同時に、長くなりがちなサイクルタイムを可能な限り短縮することができる。

関連解説1　成形品に穴がなくてもウェルドラインができる

　穴があると樹脂の流れが分岐して、再合流したところにウェルドラインができる。では、穴がなければできないかというと、2点ゲートであれば2つの樹脂流はどこかで合流するので、条件が揃えばウェルドラインとなる（図4.5.5）。また、比較的大きな成形品で各部位の寸法精度が高く求められるものは、ピンポイントゲートを多点に樹脂注入することがある。多点ゲートとなることから樹脂流の合流は必ず発生する（図4.5.6）。では、ゲートは1点で穴もない形状ではどうだろう。箱形状中央部の肉薄部分の流れが滞り、会合角が小さくなり（120度未満）ウェルドラインとなる場合である（図4.5.7）。

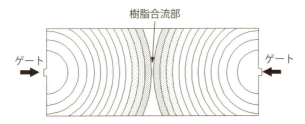

ゲートを中心に描かれる等高線は樹脂の流れを表す
等高線は同時刻における樹脂流先端位置を示す

図4.5.5　ゲート2個所（穴なし）の樹脂合流

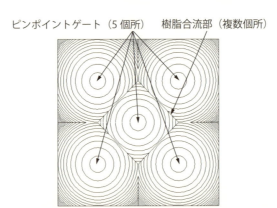

射出速度を等速とすると、ゲートから離れるに従い等高線間が狭くなる

図4.5.6　大物または高精度の成形品で多点ゲートの樹脂合流

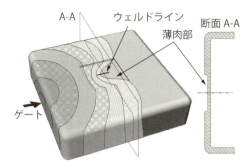

図4.5.7 ゲート1点（穴なし）でもウェルドラインが発生する例

薄肉部の流動抵抗が大きく、厚肉部に対し流れが遅くなる 等高線もウェルドライン発生時に見られる形に近くなる

関連解説2　射出タイミングでウェルドラインをなくす

　大物成形品においては、1点ゲートでは十分な樹脂量を充填できないので多点ゲートとするが、これにより樹脂が合流する部分にウェルドラインが発生し、外観上も強度上も良くない。これの解消としてホットランナー金型とし、各ゲートのバルブ開閉をシーケンシャルに制御して、順次充填する方法がある。これにより合流部の樹脂が混ざり合い、ウェルドラインにならない（**図4.5.8**）。

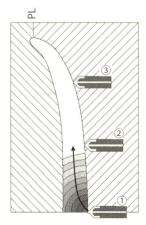

バルブゲート①からの樹脂が
バルブゲート②へ到達

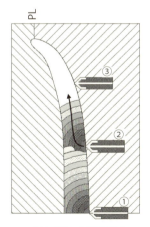

バルブゲート②を開く
（樹脂合流部のウェルドライン抑制）

図4.5.8　バルブゲート開タイミングをシーケンス制御（大物成形品、ホットランナー）

第5章 成形不良

成形不良 1 　成形品判定の留意点

着眼▶
成形品の判定をすることは、成形品そのものの品質判定をすることであると同時に、ツールである金型の判定をすることでもある

背景

成形により製作する部品は、量産化の各ステップで判定をする場面がある。射出成形においては射出成形金型を製作して、それを成形機へ取り付けて成形加工する。ここで、製品設計者は加工された成形品をチェックし、使用の可否を判定する。

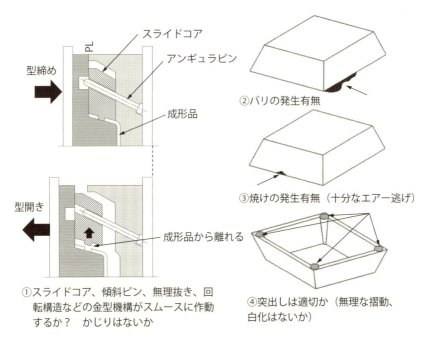

① スライドコア、傾斜ピン、無理抜き、回転構造などの金型機構がスムースに作動するか？　かじりはないか
② バリの発生有無
③ 焼けの発生有無（十分なエアー逃げ）
④ 突出しは適切か（無理な摺動、白化はないか）

図5.1.1　金型トライで確認する項目例

通常

　成形品の判定を行うステップの前に、製作した射出成形金型が正常に作動するか否かを確認するステップがある。製品設計者が出図した部品図仕様に基づいて、金型設計者は金型を設計する。この設計に基づいて金型の各パーツを加工し、できたパーツを調整しながら精度高く組み上げて金型は完成する。

　しかし、精度高く製作した金型であっても、実際に成形機に取り付けて加工してみないと、正しく作動する金型に仕上がったかどうかわからないチェックポイントがある（**図**5.1.1）。これを確認するステップが「金型トライ」であり、判定の主役は金型設計者である。実際に金型を作動させてみて不具合があることがわかれば、成形機から金型を下ろして金型を修正することになる。

　金型が正しく作動するようになると次は「試作トライ（1stトライ、ファーストトライ）」である。成形された部品の形状が正しくできているか、寸法公差や形状公差（幾何公差）は許容範囲に収まっているかなどをチェックするのである。この判定の主役は製品設計者である。どんなに小さな成形品であっても、成形品のすみずみまで細かくチェックする（**表**5.1.1）。

　ここでの判定は、成形品現品と図面寸法とを照合チェックするだけでは十分ではない。成形品が使用可である判定をすることは、すなわち金型も量産使用

表5.1.1　成形品外観判定項目

1	形状違い	11	メクレ	21	フローマーク
2	シボと粗さ	12	テカリ	22	ショートショット
3	バリ	13	色ムラ	23	クラック
4	ひけ	14	模様	24	突出し跡
5	ボイド	15	コスレ	25	ゲート切断跡
6	ウェルドライン	16	白化	26	入れ子線
7	シルバーストリーク	17	異物	27	型番
8	変形	18	焼け	28	取番
9	そり	19	キズ	29	離型剤
10	ネジレ	20	打痕	30	その他（　　　）

可（合格）であるとの判定をすることに等しい。それだけ慎重に判定をしなくてはならない。

実際の量産では、工場によって使用する成形機が異なることもある。成形条件がまったく同じとはならずにばらつくこともあり、量産成形品は試作成形品の寸法バラツキよりも大きくなることも想定しておかなくてはならない。

そこで！

試作時の成形品寸法が、許容寸法内に収まっていることを確認するだけではなく、重要管理寸法個所においては、適切な個数を測定して工程能力（Cp）を調べて判定することも必要となる（**図5.1.2**）。

例えばCp値が1である場合、1,000個成形したときに3個不良が発生する割合であるが、このCp値で良いのか否か。1.33のCp値が必要となると、不良率は63.4ppm（1万個成形で不良は1個未満）となる工程としなくてはならない。金型に高い精度を求めてCp値を実現するのも1つの方法であるが、逆に部品寸法の公差を見直して緩和することでもCp値は実現できる。公差を緩くしても製品性能が成り立つようにするのは、製品設計の腕の見せ所である。

また、現在の姿だけではなく、金型は何万回、何十万回と成形を行うことになるので、金型の経時劣化も考慮しておくことが必要である。樹脂のはみ出しや形状出っ張りなどが現時点では問題にならない程度であっても、将来的に程度が大きくなることが予想される部位であれば、金型修正の判断が必要な場合もある。例えばサブマリンゲートではゲートの切れが悪くなって、成形品表面にゲート残りの出っ張りが徐々に大きくなってくる。この変化を見越して出っ張り寸法の許容値を図面に記載しておくと良い（**図5.1.3**）。ゲート部を管理ポイントとし、許容値を元に金型のメンテナンスを行えば良いのである。

結果

工程能力や管理ポイントを踏まえた成形品の判定をすることができた。公差寸法から外れている個所については、金型修正とした。

第 5 章　成形不良

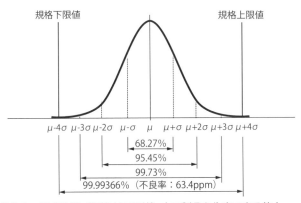

1) 工程能力：要求仕様（規格上下限値）内で製品を生産できる能力
2) 工程能力指数：工程能力の度合いを知る指標値（Cp、Cpk）
   【計算式】　Cp＝（規格上限値－平均値）÷3σ
   例：Cp＝0.67　（μ+2σの位置に上限値がある場合）、100 個で 5 個不良
   例：Cp＝1　　（μ+3σの位置に上限値がある場合）、1,000 個で 3 個不良
   例：Cp＝1.33　（μ+4σの位置に上限値がある場合）、1 万個で 1 個不良
   ※製品の用途により Cp が 1.33 以上必要となる場合もある
   ※本図は規格中央値と平均値が同じとしているが、異なる場合は
   　（平均値－規格下限値）÷3σも求め、小さい方をCpkとして採用する
3) σ：標準偏差（バラツキを表す数値。これが大きいとバラツキは大きくなる）

図5.1.2　工程能力による成形品の判定方法

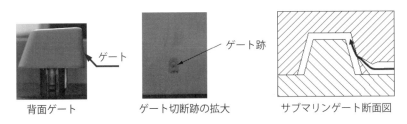

図5.1.3　サブマリンゲート切断残りの管理と金型メンテナンス

金型修正とした場合には、2回目の試作トライ（2ndトライ、セカンドトライ）に立ち会うことになる。修正依頼した形状・寸法個所をチェックすることはもちろんのことであるが、その修正が他の部位や寸法へ影響を及ぼしていないかも確認が必要である。

151

関連解説1　離型後の後収縮

　樹脂は金型内の冷却過程でだけ収縮するのではない。離型後も常温になるまでに収縮が続く。樹脂の種類により違いがあるが、非結晶性樹脂は約12時間、結晶性樹脂は約18時間収縮が続くと言われている。よって、結果を急ぐあまりに、離型直後に寸法を測定して判定することは適切ではない。常温に戻せば良いとの考えから冷水で収縮を早めて判定することも適切とは言えない。24時間（丸1日）経過後に安定した寸法で判定すべきである。

関連解説2　設計ミスと金型改造

　成形品の判定だから部品寸法のチェックだけというのは製品への思い入れが足りない。本当に自分が設計した製品を大事に評価する気持ちがあるのか疑わしい。部品を入手したら試作してみて、製品として評価をすることが大切である。特に組み合わせられる部品、いくつもの組合せが考えられる部品など、問題なく初期の設計構想通りに組み上がるのかを確認する（図5.1.4）。

　試作評価では上手くいくことばかりではない。試作を行って初めて設計ミスと気がつくこともある。設計ミス対策を金型で行う場合は「金型改造」という扱いになり、別途費用が発生する。

関連解説3　成形の立会で確認すること

　最初の立会では成形品の仕様のチェックに神経が集中しがちである。成形品のチェックはもちろん重要だが、成形の1ショット時間、1ショット全重量（成形品＋ランナー＋スプルー）を調べることも製品設計者としては大事なことである（図5.1.5）。

　全重量は成形品1個の材料費に関係する。スプルーやランナーは金型設計によるものであるが、ランナー径が太すぎると捨てる材料費が増えることと、1ショット時間が長くなることで加工費がアップする。製品設計者は材料費、加工費などのコスト責任、つまり製品の利益責任があるとの意識が大切である。

第5章　成形不良

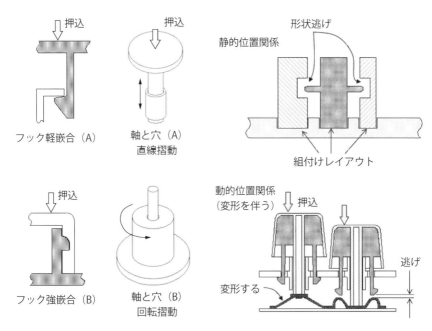

図5.1.4　組み合わせて初めて確認できるもの

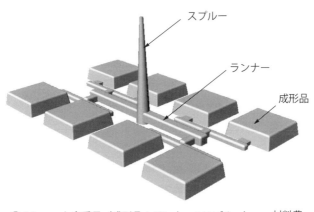

①1ショット全重量（成形品＋ランナー＋スプルー）→ 材料費
②成形の1ショット時間 ──────────→ 加工費

図5.1.5　成形の立会で確認すること

153

成形不良 2　シルバーストリークと人的要因

着眼▶
成形不良という言葉の響きから、不良要因が成形条件や金型にあると思いがちである。追跡すると意外なことが原因である場合もある

背景

海外工場に製品立上で出張していたときのこと。日本で金型合格し、海外へ送り出した金型であっても、現地の成形機に取り付けて成形条件を調整して部品を加工し、図面通りの品質となるかを再度確認することが重要である。製品設計者が立ち会う目的は、部品単品の品質だけでなく、組み立てた製品の品質が再現することの検証である（図5.2.1）。

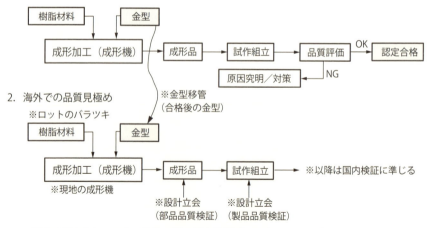

国内で認定となっても、海外工場で同じ品質が再現するとは必ずしも言えない
量産では大ロットの材料を扱うことになるので、材料バラツキの考慮も必要となる
生産現地で調達した設備を使うことになり、国内検証環境とは異なる場合がある
部品、組立、製品のすべてにおいて、製品設計は可否を総合的に最終判断する

図5.2.1　海外生産で製品設計が立ち会う目的

すべての部品において成形立会を行うのは困難であるので、一部の部品はすでに成形された部品の検証を行い、量産工場（現地工場）で生産された部品として「部品認定」を受ける（図5.2.2）。一度は日本で合格となった金型である。成形条件の若干の調整はあっても、ほとんどが支障なく部品認定となる。

日本ではなかった成形不良が現れることもある。シルバーストリークと思われる模様が成形品表面に発生した（図5.2.3）。一般に成形不良が発生した場合に、すぐに対策しようと考えてはいけない。再現性を持って成形不良現象を引き起こしている「真の原因」を突き止めることが先である。まだ焦ってはならない。現象が「これが真の原因ですよ」と教えてくれることはない。因果関係として考えられることは、通常いくつかある。現象を引き起こす可能性のある要因をいくつか挙げてみて、1つひとつ可能性をつぶしていき、1つの真の原因（真因）にたどり着けるのである。

シルバーストリークであるならば、考えられる要因として、①樹脂の乾燥不足、②エアーの巻き込み、③樹脂の熱分解などがある（表5.2.1）。射出速度や圧力、シリンダー温度などは変更していないので原因として考えにくい。同じ

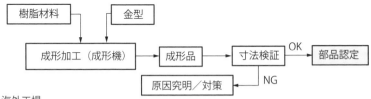

図5.2.2　部品認定

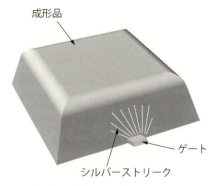

ゲート付近の成形品表面に発生する筋状の放射状模様

図5.2.3　シルバーストリーク

表5.2.1　シルバーストリークの考えられる要因

要因	概要	備考
①乾燥不足	樹脂の種類により吸湿しやすい樹脂があり、乾燥炉などで十分に樹脂を乾燥させる必要がある 樹脂内の水分は高温で水蒸気となり、溶融樹脂と一緒に金型内へ射出され、成形品表面に筋状の模様を残す	適切な乾燥温度、乾燥時間があり、高すぎたり長すぎると樹脂が黄変する
②エアーの巻き込み	樹脂の流れにより、キャビティ内にあったエアー（空気）が樹脂に取り囲まれるようにして型内に取り残される またはキャビティ形状によりエアーが取り残されやすい部位がある	第2章図2.9.7　参照
③樹脂の熱分解	加熱シリンダー内で溶融している間に分解が始まり、樹脂内部からガスを発生する樹脂種がある。このガスが溶融樹脂と一緒に型内へ射出される	加熱シリンダー内に長時間樹脂を滞留させることもガス発生を助長する

樹脂であっても吸湿しやすい樹脂は、乾燥炉で適切な温度、時間で水分をなくしてから成形機に投入することが必要である。吸湿したままでは、シリンダー内で水分が水蒸気（気体）となって、ゲートから溶融樹脂と一緒にキャビティ内へ入るので、その際に小さな気泡が成形品表面に放射状の線状痕を残す。これが①の要因により発生するシルバーストリーク（銀条）のメカニズムである。

そこで！

　これが真の原因であることを確かめるために、成形現場へ行って、「この部品に使用した樹脂は乾燥炉で乾燥せずに成形したのでは」と確認したところ、しっかり乾燥していると返答が帰ってきた。少し拍子抜けの感もあったが、確かに目の前で成形しているものにシルバーストリークの発生は見られない。成形の作業手順書を持ってきてもらい、確認すると確かに「乾燥させた樹脂をホッパーへ投入する」と書いてあった。

　そのとき、成形機の不具合が発生したときに鳴るアラーム音が鳴り、多台持ちするオペレータがその成形機へ走った。成形機が止まったままになると生産能力が落ちてしまうので、すぐに機械の不具合を突き止めて運転再開の対処が必要となるのである。その瞬間、あることに気がついた。乾燥炉から取り出した樹脂トレーを放置したまま、成形機対応に向かっていたのである。

　しばらくして落ち着いた後に、オペレータは樹脂をホッパーへ補充した。放置したままの樹脂は乾燥前に少し戻っているのではないかと。作業手順書には、樹脂ごとの乾燥条件と、次に成形機へ投入することしか記載がない。乾燥させているのは、乾燥を必要とする樹脂であることから、時間の要素も手順に入れる必要がある。乾燥炉から取り出したら速やかに成形機へ投入することとした。

結果

　その部品のシルバーストリークの発生はなくなった。

なお…

　シルバーストリークの発生メカニズムを知り、作業手順書に速やかに投入するとの文言を追加したとしても、この工程に起因する人的要因がゼロになるわけではない。決めた作業を確実に履行するための工夫も大切である。

関連解説1　特性要因図

品質管理7つ道具の1つである。ある特定の結果（特性）と要因との関係を4Mで追跡するツールである（図5.2.4）。成形不良などの問題が発生したときは、原因を調査するのに「特性要因図」が有効である。成形不良現象はよくあるものであっても、成形環境は各社で同じとは限らない。自社の成形環境を整理して、関係者で原因系の「見える化」を図り、これを技術財産にすることは非常に大切である。各特性要因図シートは教育の場面でも有効である（新入社員、プラスチックのモノづくり部署へ異動となった方など）。

関連解説2　樹脂の乾燥法の種類

樹脂の乾燥方法はいくつかある。乾燥炉で温度と時間の設定により乾燥させるタイプは簡便であるが、乾燥がバッチ工程となり、都度補給作業をしなくて

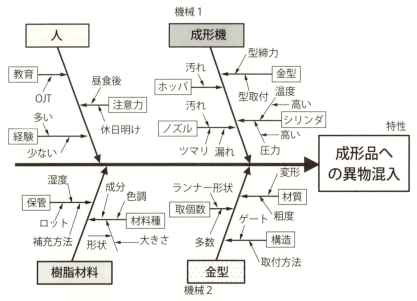

特性（成形不良など）と要因との関連を4M（人、機械、材料、方法）で追跡
成形の場合は、機械を「金型」と「成形機」に分けて行うのが一般的

図5.2.4　射出成形における特性要因図の一例

はならない。成形機に隣接して乾燥させながらホッパーへ自動送りするタイプもある。成形棟には材料を一切置かずに、別棟からパイプにより成形機のホッパーへ直送する方式もある。あるいは真空により、ペレット材の水分を除去するタイプもある。

関連解説3　アニール処理

　成形品の変形やそりが大きくできてしまった場合、治具などで変形をなくすように強制して一定時間だけ温度槽へ入れることが行われる。これは応力緩和が高温で速く進むことを利用したもので「アニール処理」と呼ばれる。この処理により成形品内部の残留ひずみも小さくなる。

　製品使用中に変形を起こし不良や事故となることを防ぐために、初期の変形の有無とは別にアニール処理を行う例を挙げる。

　押出成形されたPETシートにはひずみが残っており、そのままの状態で導電ペーストを回路印刷し、外形や穴抜き加工を行うと、製品使用中にPETシートが加熱収縮（結晶化が進行）を起こし、印刷回路が断線する場合がある（図5.2.5）。これを回避するためには、アニール処理により、最初にPETシートを十分に収縮（応力緩和、残留ひずみ小）させた後に、回路印刷および外形・穴抜き加工を行い、製品使用中の変形をさせないようにすることである。バッチ工程となるアニール処理では、多くを一度に処理するため、処理炉内の部材や部品の置かれた位置により、処理品質のバラツキが発生しないような工夫が必要である。

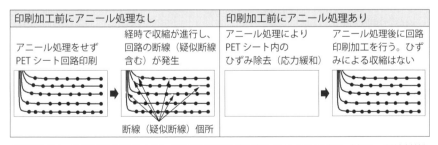

最初にアニール処理を行うことで、市場での変形が発生しないようにする（変形、断線対策）

図5.2.5　使用時の収縮により変形および回路断線の例

成形不良 3　残留ひずみの見える化

着眼▶
図面通りの成形品ができれば終わりではない。後工程の不具合や使用中の故障・事故のないよう、成形品の見えない品質をつくり込む

背景

製品仕様に影響がある成形品は、外観であれ性能的なものであれ、製品に使うことはできない。バリや変形などの多くの成形不良は、不良現象が目で見てわかる。しかし、成形品内部に発生する気泡やボイドなどは、不透明樹脂の場合は外からは見えず、機械的な強度劣化に気づけない。成形時の樹脂の流れに対して、平行方向と直角方向とでは強度特性が異なるが、流れは目では見えない。見えている不良には気づいて対処できるが、このような見えない現象は意識して対応しないと、製品不良あるいは出荷後に使用中の故障や事故を起こしてしまい大問題となる。

通常

キーボード製品の筐体には、製品内部の所定の位置に部品やモジュールを、十分な強度で固定するための機構形状（ねじボス、リブ、フックなど）が必要である。これら機構形状は製品完成後には外から見えなくなるように、不透明な樹脂で筐体設計をするのが普通である。

しかし？

デザイン重視の製品を受注し、それは透明基調で強度も必要であったことから、素材はポリカーボネート樹脂とすることになった。それまで自社では筐体や部品の素材として進んで選定することがなかった樹脂である。それは、成形や2次加工での難があったためである。今回は顧客のデザインであり仕様であることから、何としてでも問題のないように製品化することが求められた。

ポリカーボネート樹脂で成形品を設計する際に注意すべきことをあらためて調べた。成形品設計、成形条件に適切に配慮した設計をしないと「クラック」が発生しやすい樹脂である。クラック発生要因の1つが成形品内部に発生する目に見えない「残留ひずみ」である。

溶融状態の樹脂は金型内に射出されて、金型に熱を奪われて冷え、体積収縮しながら固まっていく。その際、金型温度あるいは成形品形状により、早く冷える部位とゆっくり冷える部位が存在すると、体積収縮の仕方が部位によって異なり、残留ひずみが発生する（**図5.3.1**）。

体積収縮の変化を「比容積」の指標で捉えてみる。比容積（cm^3/g）は密度（g/cm^3）の逆数であり、同体積にギュッと密に詰まっているときに比容積は小さな値を示す（逆に詰まり方が疎の場合は比容積大）。早く冷えると比容積は大きく、ゆっくり冷えると比容積は小さくなる。製品形状に置き換えると、薄肉な部位は急冷し比容積は大、厚肉な部位は徐冷し比容積は小となる。このような肉厚の違いによる比容積の差が残留ひずみ発生の要因となり、ひけ・変

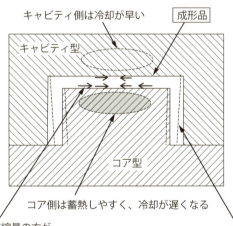

図5.3.1　部位による残留ひずみ（金型温度による）

形を誘発する。このことから「肉厚設計は可能な限り均一とする（偏肉設計としない）」ことが1つの設計留意点となる（図5.3.2）。

　成形加工における留意点もある。金型温度を高めにすると、残留ひずみが金型内で緩和し小さくなる（冷却時間は長くなる）。金型の温度はできるだけ均一にする。成形条件においても、保圧は低くした方が金型内の圧力分布が均一になり、残留ひずみを小さくできる。

　製品形状や成形条件に配慮してつくった成形品の残留ひずみが小さくなり、目標レベルを満足するかどうかの見極めも同時に重要である。留意点を守ってつくり、形状もできたからそれで終わりではない。欲しい品質のものがちゃんとできたかのチェックが重要である。

　残留ひずみを知るには、破壊測定（溶剤浸漬法など）、非破壊測定（光弾性法など）などの方法がある。実際の成形現場では「溶剤浸漬法」を採用した。溶剤に成形品を浸漬し、クラックが発生するまでの時間を調べる。クラックが短時間で発生するほど残留ひずみが大きいということである。成形加工開始前にこの判定を行い、OKであれば量産加工をスタートする。溶剤種類、濃度、発生までの時間と製品品質との関係を事前に調査しておき、判定レベルを決めておくことがポイントとなる。

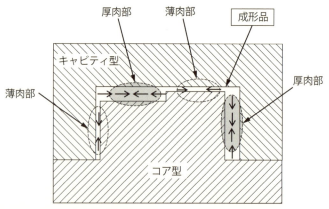

1つの成形品において、厚肉部と薄肉部が混在する形状では、冷却の早い部位（薄肉部）と遅い部位（厚肉部）により収縮量の違いが生じ、これにより各部位間にひずみが生じる

図5.3.2　部位による残留ひずみ（成形品形状による）

第5章 成形不良

結果

製品の2次加工（塗装、印刷など）、組立（ねじ加工油残渣、潤滑剤塗布など）、フィールド評価（耐薬品、人工汗液試験など）に対して目標を満足することができた。

なお…

透明な成形品であれば、成形後の残留ひずみの発生状況、分布の様子を簡易に知る方法がある。2枚の偏光板の間に成形品を挟み、光にかざして見るだけである。成形品に虹色（レインボー）模様が現れる（**図5.3.3**）。製品形状によるひずみの集中度合いも知ることができる。本来、表示素子、レンズ、導光素子などに使用される成形品は、残留ひずみがあると目的の機能を果たせなくなる。ひずみが残らないような製品形状、ゲート位置・形状、金型仕様、成形条件が重要である。

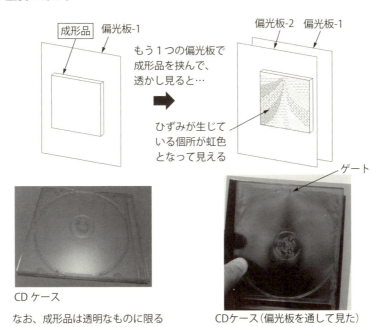

図5.3.3　成形品内のひずみを可視化する方法

> **関連解説 1　応力緩和**

　樹脂成形品に一定のひずみを与え応力が発生する状態に保ち、しばらくの時間経過後にひずみは不変で応力が低下する。これが応力緩和である（図5.3.4）。金属でも応力緩和は発生するが、樹脂の場合は程度が著しいので注意が必要である。2つの樹脂部品をボルトで締結した場合を考えると、ひずみは不変であるので応力緩和による締結力の低下が目で見えない。締結力低下によりボルトは外れやすくなり、次に樹脂部品が外れて故障や事故につながる（図5.3.5）。また、組立におけるねじの締付トルクも大切である。締付トルクが大きすぎると「部材の破壊」、「ねじバカ」となる。

　なお、もう1つ忘れてはならないのが戻しトルクである。ねじ締めは、製品を組み立てて外れないようにすることが本来の目的である。ねじ締めはさまざ

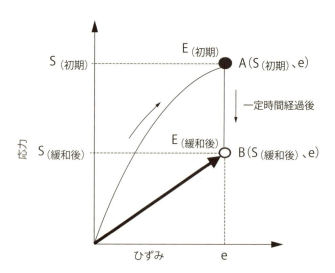

初期の弾性係数　　　　　　　　　　緩和後の弾性係数

$$E_{(初期)} = \frac{S_{(初期)}}{e} > \frac{S_{(緩和後)}}{e} = E_{(緩和後)}$$

変形量（e：ひずみ）を一定に保つと、これを保つための応力が
減少する現象（S 初期→S 緩和後）を応力緩和と呼ぶ

図5.3.4　応力緩和

第 5 章　成形不良

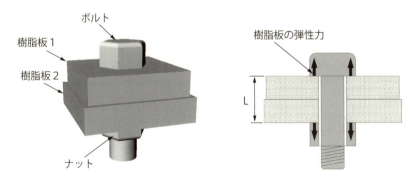

ボルトで樹脂板を挟み、締め付けた初期の厚み（L）は
その後も不変であるが、樹脂板の弾性力が低下すること
により、ボルトに緩みが発生して抜け落ちてしまう

ボルトを締め付ける軸方向に、応力緩和の小さい部材（金属など）を入れ、
この部材から得られる締結力により締め付ける設計が良い

図5.3.5　応力緩和による締結力の低下

まな素材に対して行われるが、締め付けられた後にしばらく経って緩んでは困るのである。経時変化で締結部の応力緩和があっても、ねじが緩む方向のトルクが一定基準を下回らないような設計が必要である。

成形不良 4 　外観キズと原因追跡

着眼▶
不良現象と原因は必ずしも1対1で対応しているわけではない。発生状況により不良現象に至る経路は複数考えられる

背景

　パソコン用キーボードのボタン部品は成形でつくっており、形状や大きさは部位によりさまざまであるが、外側からすべて見えることから外観部品扱いとなっている。それゆえ、製品としての外観検査は厳しく、キズ、こすれ、打痕、異物、黒点、汚れ、しわ、てかり、曇り、バリ、ひけ、めくれ、白化、模様、色調などさまざまなチェック項目で検査され、限度を超えるものは不良として外される（**図5.4.1**）。

　あるとき、外観検査でNGとなる項目において、ボタン部品のキズ不良率が恒常的に高いことが問題となった。

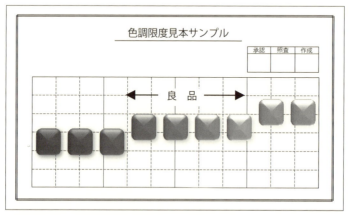

量産用に加工した成形品の中から、品質管理担当と一緒に限度を決める
図面に謳うことができない外観仕様は、すべて限度見本を作成して管理する

図5.4.1　限度見本による外観検査

製品検査の段階でキズ不良が発見された場合、考えられる要因は大きく3つある。①ボタン成形の工程でキズが付く、②成形現場から組立工程までの部品の取り扱いによりキズが付く、③ボタンを組み込む工程でキズが付く。①から③はいずれも製造系の要因である（図5.4.2）。

品質、コストにも関係するので製品設計者にも本件の話は伝わったが、製造系の要因であったために、設計として関わりようもなく、そのままとしていた。実際、ボタン部品の種類は多く、射出成形において離型後の部品が受け箱に落下してきているのを成形立会で知っていた。その成形品を袋詰めして通い箱へ入れ、その後、組立工程へハンドリングしていたことから、取扱いを見直してキズ不良が収まれば良いと思っていた。

しかし？

しばらくしてからも一向にキズ不良が収束する兆しがない。製造系の要因ではあるものの、成形加工から部品ハンドリングを経て製品組立と要因がつながっている。部品が工程の各部門を横断していることから、原因調査や対策作業全体が進んでいなかった。

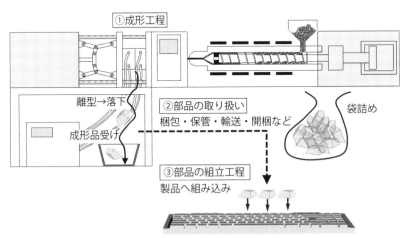

図5.4.2　成形品キズ不良の発生要因

> **そこで！**

キズ不良を起こしている原因をトコトン調べることになった。部品品質にも関わる話であり、製品設計者も原因の追跡に加わることになった。それまでに調べてわかったことも合わせて調査を進めた。

まず、キズが付いているボタン部品の取番を調べた。ボタンは非常に多くの個数を使用するので、多数個取り仕様の金型を複数起工していた。ある型番のある取番のボタンにのみキズが付いているならば、金型のキャビティにキズが付いている可能性がある（図5.4.3）。成形直後のボタン部品の中からキズ不良を調べたが、金型キズを疑うような傾向は見られなかった。

次に、ボタン部品のどの部位にキズが付いているのかを調べた。部位によりキズの付きやすさがあるならば、キズ発生のメカニズムを知る契機となる。この調査には、少しタイプの変わったチェックリストを作成して進めた。ボタン斜視図の発生部位に発生件数を示すチェックを直接書き入れることにより、キズが発生する部位などの傾向が目で見てわかる（図5.4.4）。今回はメカニズムが見えてくるほどの傾向は得られなかった。

わからなくなったときほど、成形の実際の様子をよく観察することである。

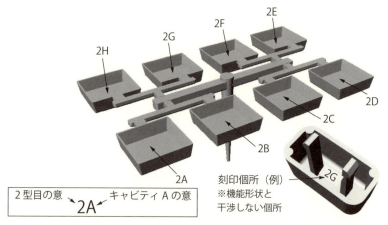

キズ発生の成形品が2Aだけであれば、キャビティ2Aの金型のキズが原因ということになる

図5.4.3　成形品の取番を調べる

第 5 章　成形不良

どの部位のキズが多いのかを目で見てわかる

図5.4.4　少し変わったチェックリスト

　ボタンのフックはアンダーカット形状であり、金型は無理抜き仕様としている（図5.4.5）。突き出しの勢いが強すぎて、離型後にキャビティ型まで飛んでぶち当たるボタンもあることがわかった。これはボタンにキズをつくっているメカニズムの1つと考えられる。

　もう1つ見えてきたのがボタンの落下である。現在は離型後に受け箱へ自然落下させている。ここで1つ試してみた。離型後に手でキャッチした場合と自然落下させた場合との比較である。手でキャッチしたボタンは明らかにキズが少なかった。離型後間もない成形品が自然落下すると、先に落下した成形品とぶつかることになり、より柔らかい方にキズが付くメカニズムも考えられた（図5.4.6）。

　自然落下を前提にするならば、落下のエネルギーを緩和するような衝撃吸収板を途中に入れると効果がある。先に落下した成形品をコンベアで動かし、形品同士の衝突を軽減する案もある。キズが付きやすい成形品はそもそも落下させないで、ロボットハンドによるチャッキングまたは吸着により、型外の安定した場所へ静置する。ボタン部品のセット取りの場合は、シュータで形状別に選り分けることも有効である（図5.4.7）。

結果

　キズの要因となっていることを少しでも取り除き改善することにより、キズの発生率を大幅に減らすことができた。

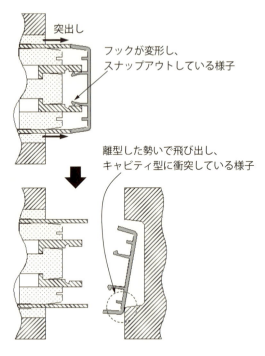

図5.4.5　無理抜きフック仕様と離型後の挙動

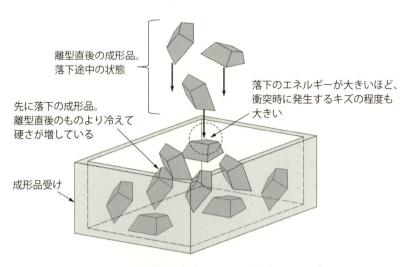

図5.4.6　自然落下方式によるキズ発生メカニズム

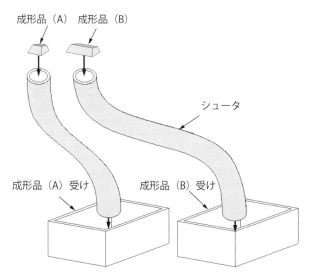

離型時に自動切断されるゲート仕様であること
シュータ内を経由して落下することで、成形品受けに落ちる直前までに落下速度は遅くなる。先に落下した成形品との衝撃も少なくなる。
落下後の成形品をより分ける手間もなくなる

図5.4.7　形状別にシュータで製品受けへ

　外観検査（キズを含む）は製品の最終出荷前にも行われる。成形品単体の不良であっても、それがどのような原因で不良となったのかをよく観察して追跡し突き止めなければ「真の対策」とはならず、幾度も不良が再現することになる。

関連解説 1　成形不良とは何か

　目標とする部品仕様と成形加工後の部品仕様に相違があり、その差が認められない程度である場合、その部品は不良という扱いになる。1つの部品を見せられて、それが不良なのかどうかは目標仕様と比較すれば判定できる。しかし、判定で不良となった場合にその原因を特定するのは、その部品単品だけでは困難であることが多い。困難な場合の多くは、その部品がどのような素性のものであり、どのような経路でここに至ったものなのかがわからないということである。

　「成形不良」とは成形加工で発生した不良であると判明したもののみを指す。どこでそうなったか不明のものまで「成形不良」と見なすと、原因追跡の判断を間違えやすいので注意が必要である。以下はいわゆる不良と呼ばれているものを、工程ステップ、時系列で眺めることを通して、成形不良を考察しようとするものである。

1) 工程ステップ

　①加工直後

　　a) 形状がしっかりできていない（形状欠け／はみ出し、凹み、筋、模様、歪みなど）

　　b) 指定寸法が出ていない（長さ、そり、変形など）

　　c) 外観品質が目標に劣る（キズ、黒点、異物、汚れ、曇りなど）

　②出荷時

　　キズ、変形、打痕など（※主にハンドリングに要因がある）

　③ユーザー使用時

　　割れ、折れ、曲がりなど

　※成形品単体の不良にも関係し、これにより製品の機能を損なう

　※工場から出荷され、一旦「顧客」の手に渡ってしまってこのような事態を起こした場合は、それはもう「不良」とは呼ばない。「製品事故」である。この事態は絶対に避けなくてはならない。

2) 時系列

　①工場内では必要な検査を行い、市場へ不良が流出しないような措置を講じ

る（不良の流出撲滅）

②顧客のところに届いて、使用初期または使用中に保証期間を満足せず、品質を果たさなくなる。工場内の検査はOKで通過したものであるにもかかわらずこのような事態を引き起こしてしまう（製品事故）。

※品質を保証するよう製品の信頼性設計を行ったのち、信頼性評価により品質が保証されることを検証しなくてはならない（**図5.4.8**）

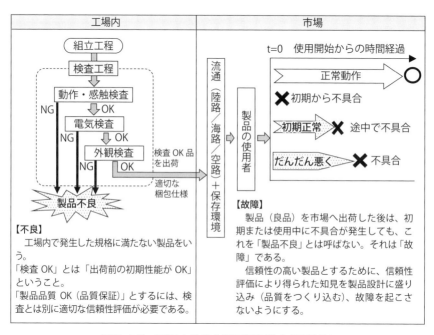

図5.4.8　工場内検査と製品信頼性の位置付け

成形不良 5　成形機周辺の不良要因さがし

着眼▶
成形品の不良要因追跡では、金型と成形機だけ見ていたのでは真の要因を見落としがちである。成形システムという視点が必要である

背景

海外の生産工場で量産する場合、技術を要する設備などは国内で製作し、必要な設備の検証を終えて生産工場へ送ることがある。設備の品質は保証されており、現地工場で加工条件を微調整して量産に入る流れである。金型もこのような設備の1つである。

通常

現地工場に届いた金型を成形機へ取り付けて加工し、成形品の品質（形状、寸法、外観などの諸品質）が再現することを確認する。

しかし？

それですべて上手く運べば問題はないが、実態は必ずしもそうではない。予期せぬ事態が発生した場合、製品全体の観点から速やかな判断が求められるところに、製品設計者の立会う意味がある。国内ではいわゆる製品設計としての役割がメインであるが、一旦量産立ち上げで海外に赴いた場合は、商品を扱う経営者としての役割をも担わなければならない。現在、目の前で発生している不具合は、顧客に迷惑を掛けないように修正して出荷可能なのか（暫定策）、それとも即座に生産を停止させて根本原因を調査の上で早い対策へと向かうべきなのか（恒久策）、これは製品設計にしか判断できない役割なのである。海外に出たらどの部門のメンバーであっても、いくつもの役割を果たさなくてはならない。特に製品設計はオールマイティの自覚を持って、すべての事態に臨まなくてはならない。

送る前に十分に設備検証を行ったはずなのに、送られた金型で成形品質が再現しないことがある。これも予期せぬ事態。どうアプローチすれば良いのだろうか。

アプローチの1つとして「成形品は金型だけで加工されるものなのか」と考えてみる。国内で検証して送ったのは金型だけであり、その他の設備はすべて生産工場で使用しているものである。そう考えてみると、国内での検証環境と異なるところの方が大きく、品質が再現しなくても不思議ではないと思えてくる。そうなると生産工場の設備あるいは成形システムの相違の方に視点が移っていく。成形品をつくる1つのシステムであるとの認識に立つと、成形品質につながるモノの流れにも着目すべきことがわかる（**図**5.5.1）。

①「製品取出」では、成形品の取り出し方は適切か。あるいは取出し後の成形品を次工程へつなぐための一時保管仕様は適切か（キズが付かない、など）

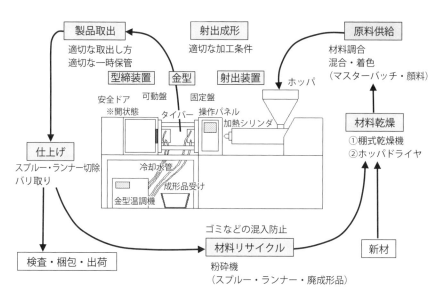

図5.5.1　成形品質をつくる成形システム

② 「仕上げ」では、成形品のゲート切断仕様は適切か（成形品を切断していないか、など）。バリ取り作業が2次不良をつくっていないか
③ 「材料リサイクル」では、種類の異なるランナなど廃材を粉砕処理する作業管理は適切か（他の樹脂材料やゴミなどの混入はないか、など）
④ 「材料乾燥」では適切な乾燥仕様（乾燥方式、温度、時間など）。乾燥炉から取り出して速やかに成形機へ投入しているか
⑤ 「原料供給」では、材料調合、マスターバッチなどの作業は適切か

インフラ環境の違いも品質に関係することがある。電気そのものに品質の相違はないが、停電などの供給品質は電動設備の稼働に影響する。また、国にもよるが水質にも注意が必要である。金型の冷却設計によっては、水にやられて赤さびなどのスケールが発生する。

結果

成形を一連のシステムとして捉えた要因追跡ができるようになった。加工直後または組立ラインに供給された成形品に不良が見つかった場合、そこで何が起きてどう不良につながったかの当たりを付けることができるようになった。

なお…

製品により構成部材の種類が多く、すべてを追跡し切れるものではないことも事実である。1人の製品設計者ではすべてに立ち会えない。この場合、部品の加工工程を記したもの（QC工程表など）を元に確認すると良い（**図5.5.2**）。どのような流れで加工され、その工程ごとの品質チェックはどうされているのかを、流れに沿って追うことができる。

第5章　成形不良

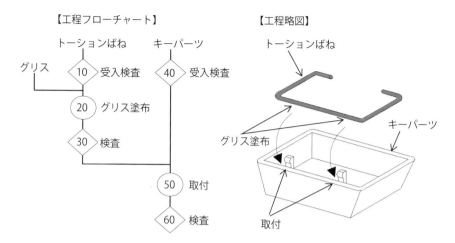

製品No.　ABC**00634A
工程名：キーパーツへトーションばね取付

工程No.	工程名	管理点		管理方法		
		管理項目	品質特性	製造基準	検査方法	記録
10	受入検査		外観 寸法 ねじれ バリ	受入規格 UK-002	目視 ノギス測定 ノギス測定 目視	製造記録表 製造記録表 製造記録表 製造記録表
20	グリス塗布	充填量 交換時期	外観 位置 量	作業標準書 WK-001		
30	検査		外観 位置 量		目視 目視 目視	製造記録表 製造記録表 製造記録表
40	受入検査		外観 寸法 バリ キズ	受入規格 UK-002	目視 ノギス測定 目視 目視	製造記録表 製造記録表 製造記録表 製造記録表
50	取付	取付位置 取付順序	外観 割れ		目視 目視	
60	検査		外観 ハミ出し量 回転動作		目視 目視 指で動かす	製造記録表 製造記録表 製造記録表

図5.5.2　QC工程表（例）

関連解説 1　要因が成形品設計にある例

いわゆる成形不良となった場合、成形加工現場で成形条件を変えて狙いの形状や寸法を出せる場合もある。最も大きな要因が成形品設計にあった場合は、設計自体を見直さないと改善しない。**表5.5.1**は成形品の現象の一部でしかないが、考えられる要因で「偏肉」が多いのに気づく。製品全体を考えて設計をしていると、部品の一部に強度を持たせて「厚肉設計」、同じ部品の一部に機能を持たせて「薄肉設計」とすることは、実際の製品設計においてはよくある

表5.5.1　不良現象と要因

不良名称	不良現象と発生メカニズム	考えられる要因の一例	
バリ	金型の隙間（パーティング面、スライドの押し切り面、入れ子など）に溶融状態の樹脂が流れ込んでできた樹脂のはみ出し	（金型）	金型パーティング面のシール精度不足
		（成形）	射出圧力が高すぎる
		（樹脂）	樹脂の粘度が低い
		（設計）	偏肉設計（同じ成形品内に薄肉部と厚肉部がある）
ひけ	肉厚部の冷却固化速度の遅れにより、収縮痕が表面（ひけ）または内部（ボイド＝気泡）に発生する現象	（金型）	金型のランナーやゲートが小さい
		（成形）	射出圧力不足
		（樹脂）	収縮が大きい
		（設計）	偏肉設計
そり変形	成形品内部に残留した応力（歪）が解放される際に現れる変形現象（そり、ねじれなど）	（金型）	冷却回路が不適切
		（成形）	金型温度不適切
		（樹脂）	成形収縮率の異方性が大きい
		（設計）	偏肉設計
ウェルドライン	流れの出会い部分の溶融樹脂が、完全に混ざり合わずに発生する線状痕	（金型）	ゲート位置と数が不適切
		（成形）	樹脂温度が低い
		（設計）	樹脂流れと穴位置関係不適切
		（設計）	偏肉設計
シルバーストリーク	吸湿した樹脂からの水蒸気または樹脂から発生するガスが、成形外観表面に筋状に現れる現象	（金型）	ゲートが小さい
		（成形）	予備乾燥が不十分
		（樹脂）	溶融時のガス発生が多い樹脂である
		（設計）	肉厚が薄すぎる。または偏肉がある
ガス焼け	成形品の表面全体または一部が変色したり、閉じ込められたエアー／ガスにより成形品が燃焼する現象	（金型）	エアー／ガス抜きが不十分
		（成形）	シリンダの温度が高すぎる
		（樹脂）	樹脂の熱分解
		（設計）	肉厚が薄すぎる

ことである。これにより1つの部品内で厚肉部と薄肉部がともに存在することになる。これが偏肉設計であり、これが原因で次のような成形不良を起こす。

1) バリ（Flash／Burr）（**図5.5.3**）
2) ひけ（Sink mark／Shrink mark）
3) そり変形（Warpage）

中でもバリは「金型の隙間からの樹脂漏れ」であり、なぜ偏肉設計がバリの原因となるのであろうか。**図5.5.4**は偏肉設計の例である。成形を始めると薄いリブになかなか充填されず形状ができない（ショート不良）。そこで薄肉リブへ樹脂を充填するために射出圧力を上げて成形するとようやく充填されてリブ形状ができた。しかし、薄肉リブに必要な成形条件は、他の形状や部位にとっては十分すぎる条件となってしまい、樹脂がはみ出すバリとなってしまったのである。部位による成形条件のアンバランス以外にも、設計要求に基づく金型仕様（ペア取り、セット取り）が成形条件のアンバランスにつながることもあるので注意が必要である（第2章 図2.5.10参照）。

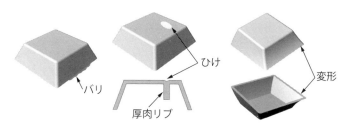

図5.5.3　成形不良（バリ、ひけ、そり変形）

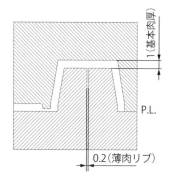

図5.5.4　偏肉設計とバリ発生メカニズム

第6章　製品設計

製品設計 1　プラスチックに電気を通す

着眼▶
技術的実現性とは関係なく、顧客からの要望はある。モノのつくり方（工法）をいろいろと知っておくと解決の役に立つこともある

背景

　キーボードは100個ほどのスイッチの集合体である。製品の内部にはスイッチのON/OFFを検知する基板が1枚ある。基板と言っても厚さ50μm程度のPET樹脂製シートである。このPETシートに電気回路の印刷がされており、ボタンを押すとどの位置のスイッチがONしたかを検知して、アルファベット、かな、数字などが入力できるわけである。キーボード入力においてはアルファベットの「大文字/小文字」のどちらを専用入力できる状態となっているのかを、キーボードの隅の部分を光らせて知らせる仕様になっている。

　顧客からキーボードを光らせて欲しいとの要望があった。それは、入力切替のボタンを押すと別な場所が光って知らせる方法ではわかりにくいので、切替ボタン自身を光らせるようにしたいとの要望であった（図6.1.1）。

切替ボタンとは別なところが光って知らせる

切替ボタンを押すと切替ボタン自身が光る（点灯エリアが不要なので、デザインのスリム化が可能）

図6.1.1　LED光による入力切替表示のデザイン

通常

　キーボードの右上エリア付近で入力状態を光って知らせるようにする仕様が多い。ボタン自身を光らせるのは困難であるが、別なエリアを光らせるのであれば、そこに小さな電気回路基板を取り付けてLED（Light Emitting Diode：発光ダイオード）を点灯させれば良い。

しかし？

　顧客の要望は、他の入力ボタンと同列に並んでいるボタンの1つを押すと大文字/小文字の切替ができ、そのボタン自身が光るという仕様なのだ。単なる製品仕様ではなく、デザインへのこだわりを感じた。ボタン自身を光らせる方法はないわけではないが、キーボード本体も可能な限り薄くスマートにつくりたいとの要望もある中で、ボタン下部の狭い設計空間にスイッチとLEDを共存させるのが難しいのである。仮にスイッチとLEDの寸法的な解決がなされたとしても、次なる大きな技術課題が待っていた。それはLEDとPET回路基板との電気的な接合である（図6.1.2）。

　切替ボタンは他の入力ボタンの並びの中にあるので、LEDを光らせるためにはPET回路基板から電気をもらわなくてはならない。そのためにはLEDを

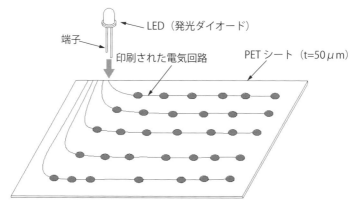

LEDはボタンの下部に内蔵するように設計する
LED接続用の回路をシート上に印刷しても、通常のはんだ付けができない

図6.1.2　LED（電気部品）のPET樹脂シートへの電気接合

基板へはんだ付けしなくてはならないが、はんだごての熱でPETシートが溶融し穴が空いてしまう。困った。

そこで！

はんだ付けをしなくても光らせる方法はないのか検討した。LEDの端子を回路へ指で押し付けても光ったことから、これをヒントに「端子と回路の電気接合が安定して得られる押し付け方法」を設計検討した。端子を回路へ直接押し付けると回路表面が削られて電気接合が不安定になることがわかり、端子と回路の間に導電性のゴムを挟むこととした。イメージは導電性ゴムをチューブ状に加工したものを短冊状に切断して、それをLEDの各端子へ挿入するのである。困ったことにこの仕様だと隣接するLED端子が短絡（ショート）してしまう（図6.1.3）。短絡防止のために別部材をしきりとして挟むこともできなくはないが、あまりスマートな解決策ではない。

何か上手い方法はないかと思案しているときに、購買担当者から「異材を同時に押出成形できる」との情報を得た。導電性チューブの間に絶縁性材料を挟んで同時に押出成形するのである（図6.1.4）。押出成形については「1つの材料を溶融して型から押し出して、どこの断面も同じとなるような形状の成形品をつくる」との知識しかなく、2つの材料が各々目的の形を持ち、くっついた状態で成形できるとは考えてもみなかった。

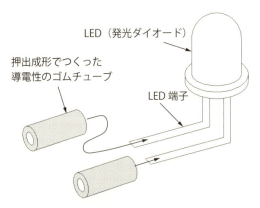

図6.1.3　導電材含有のチューブ状押出ゴムをLED端子に装着するも短絡する

第6章　製品設計

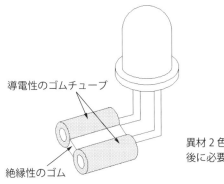

図6.1.4　異材2色の押出成形によりつくった絶縁部を持つゴムチューブ

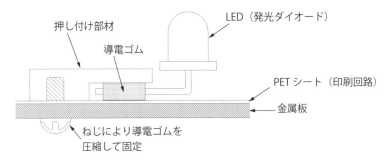

図6.1.5　導電性ゴムを安定して印刷回路面へ押し付けで電気接合する設計例

結果

導電部と絶縁部の両方を持つ部品（押出成形品）をつくることができた。これを所定の長さに切断してLED端子に挿入し、ハウジングと固定プレートとで挟んで加圧することにより、安定した電気接合を得ることに成功した（図6.1.5）。

なお…

ボタンが光ったときの明るさやコスト、部品の取り扱いやすさ、品質の安定などを総合して端子仕様のLEDとした。顧客の要求を実現するのに相応しい方法を考えればそれで良いのである。

関連解説 1　知っておきたい成形法

　顧客の要望を満足するように製品をつくりあげるのが設計者の仕事である。実現が困難にみえ、解決案に想到できないこともある。解決のためのアイデアの幅を広げるための方法として「工法」を多く知ることがある。「工法」とはモノづくりの仕方の広い概念である。プラスチック成形法も工法の1つであり、各々の特徴を知っておくと困った際に解決のヒントとなる。射出成形、押出成形以外の成形法を紹介する。

1) 2色成形（参照：第3章図3.1.1）
　（1次型／2次型による成形で2種類の樹脂からなる部品をつくる）
2) インサート成形
　（金属や他の材質と樹脂が一体となるように成形して部品をつくる）
3) ブロー成形
　①パリソン方式（押出成形したパリソン、型内に高圧空気で膨張成形）
　②プリフォーム方式（射出成形した小瓶、型内に高圧空気で膨張成形）
4) 真空成形／圧空成形（図6.1.6）
　（シートを予熱して、真空にして（圧空により）、シートを型に倣わせる）

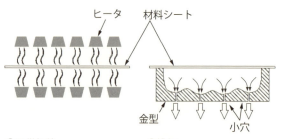

①予備加熱
材料シートをヒータで
予備加熱する

②排気
金型の小穴から真空ポンプで
キャビティ内の空気を抜く

③成形・トリミング
キャビティ内を真空にすることにより、大気圧でシートを金型へ押し付ける力が発生する

※卵パックなどの形状、シート厚くらいまで可能
※シートが厚い場合や大気圧以上の成形圧を要する形状がある場合は圧空成形法が適する

図6.1.6　真空成形法

5）圧縮成形（参照：第2章図2.3.4）
（熱硬化性材料を型へ入れて、圧縮による成形および加熱して硬化）

> **関連解説2　真直度**

　部品の稜線を、どれだけ真っ直ぐにつくりたいかを指示する仕様である。実際には部品の対象となる面（2次元図面では対象となる稜線）を矢印で指し示し、許容真直度（数値）を定義する。もし、真直度の指示がなく、寸法指示だけだった場合と比較すると、形状の仕上がり程度に大きな差があることがわかるであろう（**図**6.1.7）。なお、仕様が厳しくなるということは、コストも関係することを忘れてはならない。

1. 通常の形状定義の例

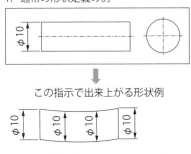

φ10の寸法公差には入っているが、
このような形状は実際困る

2. 真直度による形状定義

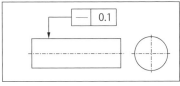

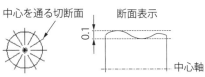

中心を通るどの切断面においても、
断面表示の輪郭線が0.1の公差内に入ること

形状公差（幾何公差）の1つであり、対象がどれだけ真っ直ぐかを定義する公差
ここでは0.1mmの隙間の2平面内に形状がすべて収まることを指示している

図6.1.7　真直度

製品設計2 重要機能へコスト配分

着眼▶
製品のコストダウンを図る場合、安い材料へ変える検討をいきなり始めるのではなく、製品の持つ機能の重要度を見定めてから行う

背景

　キーボードはスイッチの集合体である。1つのスイッチのコストダウン効果は約100倍となって現れてくる。普及にともないパソコン本体価格が下落すると、付随あるいは内蔵されるユニットや部品もコストダウンを図らなければならなくなる。キーボードも同様であり、品質や機能を維持しながらどうコストダウンを図るか検討が始まった。

通常

　長年または何度か設計・生産を重ねてきた製品を対象に行うコストダウンでは、広くアイデアを求めるために関係者を集めてブレインストーミングなどの発想会議を行うことが多い。ここで出されたアイデアを整理し、まとめてコストダウンの改善ネタとするのである。

しかし?

　すぐに実施できるようなアイデアは適用すれば良いが、その累積だけでは大きな効果はなかなか得にくい。せっかく出されたアイデアであっても、製品をよく知る設計者が取りまとめた場合、実現できるか否かの先入観を持ちやすく、意志をかなり強く持って臨まないと、結局は慣れた設計、同じ製造方法に終始してしまう。

そこで!

　製品を構成する部品機能をあらためて抽出し、機能の重要度によりコストを

再配分した設計を新規に行うこととした。新規設計においても重要機能に「力点」を置いた開発とした。コストダウンとは言いながら、重要機能には逆にコストを掛ける設計とし、製品の強みとするのである。

まず現行スイッチの構造図を準備して、1つひとつの部品に「機能」の言葉を与えた（**図6.2.1**）。次にスイッチ構造における各部品の機能つながりを表す「機能ブロック図」を作成した（**図6.2.2**）。機能のつながりを可視化（見える化）し、見た目の部品形状にとらわれないようにした。さらにスイッチを構成する各部品のコスト一覧表を作成した（**表6.2.1**）。

図6.2.1および図6.2.2を元に機能の重要度を決め、コスト配分比率およびコスト配分額を表6.2.1に記入した。現行ステムは摺動性と耐久性の重要度が高く、単価の高い材質を使用していながら、ランナーなどを粉砕して他部品へ再生利用することもできない。機能を維持しつつコストだけを詰めるには限界がある。表6.2.1の狙いは「機能の重要度によってコスト配分」をすること。重要な部品へはコストを掛け、そうでない部品はコストを削ぐ。

今回は目標コスト達成の切り口として「機能の一体化」で攻めることにした。キートップとステムは外れないよう強嵌合して組み立てられている（図

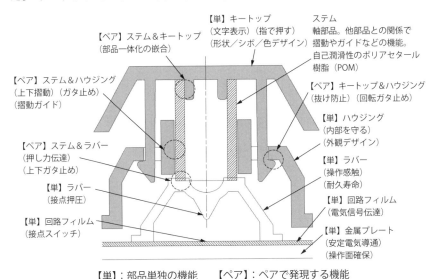

図6.2.1　スイッチを構成する各部品の機能（機能言葉）

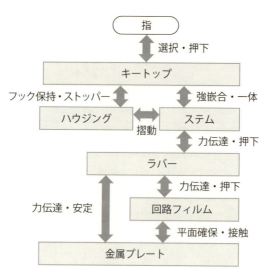

図6.2.2　機能ブロック図（現行の構造）

表6.2.1　スイッチ原価比較表（機能の重要度によるコスト配分）

単位：円

部品名	現行(A)	比率	機能	機能重み	再割付(B)	差分(B-A)
キートップ	0.30	17.6%	（文字表示）（指で押す）（形状／シボ／色デザイン）（抜け防止）（回転ガタ止め）	17.6%	0.27	▲0.03
ステム	0.20	11.8%	（上下摺動）（ガタ止め）（摺動ガイド）（押し力伝達）（上下ガタ止め）	11.8%	0.18	▲0.02
ハウジング	0.30	17.6%	（上下摺動）（ガタ止め）（摺動ガイド）（抜け防止）（回転ガタ止め）（内部を守る）（外観デザイン）	17.6%	0.27	▲0.03
ラバー	0.30	17.6%	（押し力伝達）（上下ガタ止め）（操作感触）（耐久寿命）（接点押下）	17.6%	0.27	▲0.03
回路フィルム	0.35	20.6%	（電気信号伝達）（接点スイッチ）	20.6%	0.32	▲0.03
金属プレート	0.25	14.7%	（安定電気導通）（操作面確保）	14.7%	0.23	▲0.02
小計	1.70	100%	小計	100%	1.55	▲0.15

※▲数字は現行(A)に対するコストダウン額である
※キートップとステム一体化の効果を比較するために、機能重みはそのままとした

6.2.2)。外れないようにするなら初めからくっついていれば良い。つまり一体部品である。この2部品が一体化しても他の部品機能には何ら影響はない（**図6.2.3**）。ステムの材料費（0.2円）をなくすことができるという一体化のメリットの方が大きい。

一体化の実現に当たり、立ちはだかる最も大きな課題は「同材質摺動」である（**図6.2.4**）。従来は「ステム（POM）－ハウジング（ABS）」の異材質摺動であった。今回は「キートップ（ABS）－ハウジング（ABS）」の同材質摺動となる。設計部門の先輩や同僚からは「同材質の摺動はやめておいた方が良い」「摩擦が大きくなり摩耗が早い」「過去にも例がない」などの忠告を受けた。あとで金属材などでも同じ傾向があることがわかった。それならば、その傾向を前提に摺動設計をすれば良いと考えることにした。ここで後退してもコストダウンはできない。

摺動設計では、①良摺動となる添加剤を樹脂に混ぜる、②摺動部に良摺動成分をコーティングする、などを検討した。①は摺動にまったく関係のない部位にも添加剤が分散してしまいムダなコストが発生してしまう。②はざっくり見

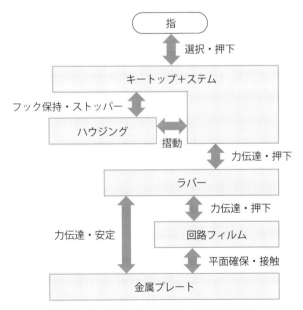

図6.2.3　機能ブロック図（改良の構造）

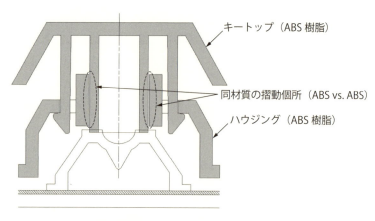

図6.2.4　同材質摺動（キートップとステムの一体化に伴う）

積りで成り立たないことがすぐにわかった。新たな設計アイデアを出す前に、課題達成のためにコストをいくら掛けることができるのか計算した。考えてみればモノを買う前に財布にいくら入っているか確認するのは当然のことである。1つのスイッチでステムがなくなる効果は0.2円である。キーボード全体での効果は0.2円×100キー＝20円である。20円全部使うとコストダウンにならないので、半分の10円だけ課題達成に使うことにし、10円でできるアイデアを考えることにした。1つのスイッチに0.1円使っても良いと言われても具体的なイメージを持てないが、10円となれば具体的なアイデアが出てきやすい。

結果

いろいろな開発検討を通して「必要なところに必要なだけ潤滑成分を塗布する」にたどり着いた。キートップ（ABS）とハウジング（ABS）の間に固体潤滑成分（テフロン粒子）を介在させることにより、同材質摺動とはならずスムースな摺動感触と耐久寿命を実現した（図6.2.5）。

なお…

100個所の摺動穴へ一度に塗布する工法の開発により、工程費を低く抑え、

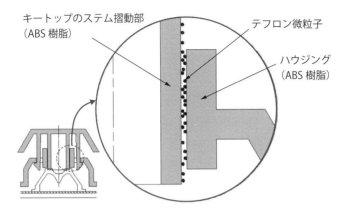

図6.2.5 摺動面にテフロン微粒子を介在させる

最終的に目標の10円で新設計によるコストダウン(計▲10円)を達成した。「タブー」に思える内容であっても、それが理なら理で応戦することで壁を越えた事例である。

関連解説1　問題と課題

技術開発においては「問題」と「課題」の違いを明確にしておくことが重要となる。「コストダウン」の開発テーマでは、まず従来品のコストを調べて（現状）、目指すコストを決める（目標）。両者に差分（＝目標－現状）が発生するが、この差分こそが「問題」である（図6.2.6）。「問題解決」とはこの差分をなくすことである。

次に差分をなくすための具体的な取組みが「課題」である。課題のポイントは次の3つである。①取組み内容が具体的である、②達成時の効果が定量的である、③実施者と納期を決める。1つの課題で差分のすべてをゼロにするのは困難である。アイデアを出して効果的な課題を多く形成することが重要である。

関連解説2　アイデア会議と発想法

企画や設計段階だけでなく、アイデアを必要とするシーンはある。関係するメンバーを集めて行う「ブレインストーミング」も発想法の1つである。人の持つ「創造能力」を最大限に発揮するために4つのルールで実施する（①批判

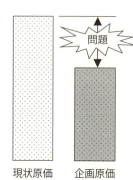

①企画と現状との差分を「問題」として認識する
②問題を明確にする（定量化）
③問題を解消するアイデアを創出する
　（解消額総計は狙いの300％くらい出す）
④可能性の高いアイデアを詳細検討する
⑤成果を得る開発課題を形成する
⑥開発課題を達成して問題を解決する
　（担当者、取組日程、効果金額など）

※目標なきところに「問題」は存在しない
※差分（ギャップ）をなくすための具体的な取り組みが「課題」である
※実際に取り組める効果の高い課題を「形成」することが大切である

図6.2.6　問題解決のための課題取組みの原則

禁止、②自由奔放、③質より量、④他人のアイデアに便乗）。

　ブレインストーミングはアレックス・F・オズボーンにより開発されたものであるが、他に「オズボーンのチェックリスト」というアイデア発想のヒントとなる9つの切り口がある。見落としがちな発想の視点を網羅的にカバーしており、アイデアに困ったときには試してみると良い（**表6.2.2**）。

表6.2.2　発想のヒント（オズボーンのチェックリスト）

No.	発想の切り口	問いかけの対象例
1	何かを拡大・縮小できないか （Magnify／Minify）	高さ、重さ、サイズ、強度、頻度、複雑さ、価値
2	何かを省略・削除できないか （Eliminate）	部分、機能、動き、負担、価値
3	何かを逆にできないか （Reverse）	順序、上下、左右、前後、内外
4	何かを修正できないか （Modify）	色、外形、音、音声、意味合い
5	何かを代用できないか （Substitute）	部分、人、材料、働き、プロセス
6	何か他の使い道がないか （Put to other uses）	そのままで別の分野へ使えないか 一部を変えて新しい用途や別の市場
7	何かを組み合わせられないか （Combine）	部分、目的、応用方法、材料
8	何か似たものに適用できないか （Adapt）	状況、モノ、行為、考え
9	何かを再構成できないか （Rearrange）	パターン、配置、組合せ、部品

製品設計 3 　組立て間違いしない設計

着眼▶
部品を組み合わせて製品を完成させる組立工程。人が行う作業には組立て間違いは付きものである。設計により組立不良を軽減する

背景

キーボード製品には多くのボタン部品が使われており、ユーザーが使いやすいようにボタンの機能により形状や大きさが異なっている（図6.3.1）。組立工程では、これらのボタンをハウジングへ挿入する作業がある。明らかに形状が異なるボタンの組立て間違いはないが、似た形状については作業手順書に注意が記されるも、目標スピードで行う作業の中では間違いも発生しやすい。

通常

似た形状は限られており、ボタン天面への印刷工程前に間違いやすいボタン

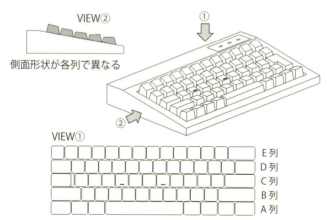

図6.3.1　ボタン形状の似て非なる形状仕様

第 6 章　製品設計

個所を注視しながら外観検査を行う。間違ったボタンが挿入されていたら、正しいボタンと交換することで対応する。間違いも多くはなく、検査工程で十分に対応できた。

あるとき、非常にデザインに凝ったキーボードの受注を顧客よりいただいた。言われなければ気づかないような細部にまでデザインが施されていた。ボタンだけに注目すると、サイズは同じでもコーナRの付いている個所が異なるものもあった（**図6.3.2**）。コーナRが1つ違うだけでも仕様の異なる部品となる。異なる仕様のボタンを正しい個所に注意しながら組み立てたとしても、組立て間違いが発生するのは必至であった。顧客のデザインを尊重しつつも、製造からは何とかならないかと強い要望があった。

そこで！

「間違いを検査で見つける」のではなく「間違って組立できない」方向で検討することにした。発想は「鍵と鍵穴」である。鍵と鍵穴の凹凸とが符合したとき、鍵を回すことができる。これをボタンに応用する。ボタン形状およびハウジングに凹凸を付け、正しいボタンが正しいハウジング個所に挿入される場合のみ、凹凸が符合して組み立てられるように形状設計をする（**図6.3.3**）。

今回の場合、似た形状のボタンが6種類であったので、ボタンにリブ形状を

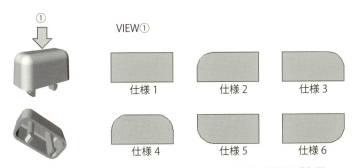

R違いのボタンは異なる仕様であり、正しい個所へ組付けが必要

図6.3.2　同サイズのボタン部品のR形状違い

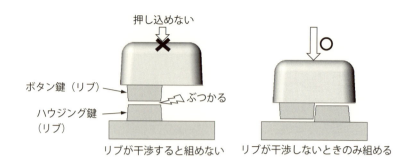

※言い換えれば「正しい組立て」しかできないようにする

図6.3.3　間違った組合せの場合は、間違って組み立てられないようにする

付与して正しいリブの組合せを6通りつくることにした。リブはできる限り少ない数で大きい方が、強度的（組立時に折れない）および成形的（確実な形状）にも望ましい。組合せの数$6={}_4C_2(=(4×3)÷(2×1))$で成り立つことがわかった。つまり、リブ形成エリアは4つ、そのうち2エリアを各々重複しないように選んでリブを形成するのである（図6.3.4）。ボタンのリブ仕様が決まれば、それと符合するハウジングのリブ仕様も自動的に定まる。符合しない組合せのボタンとハウジングはリブがぶつかるので組み立てできない。

結果

対象のボタン個所で次の効果が得られた。
① 組み立て間違いがなくなった
② 作業者が組立て間違いに気づく（以前は気づかず次工程へ流出）

なお…

リブ形成と組合せにより、組立て間違いをなくす効果が得られたことから、もっと多くの異なるボタン形状がある製品へ適用することになった。区別が必要な形状は27種類。リブの形成を6種類のときと同様に考えると、組合せの数$20={}_6C_3(=(6×5×4)÷(3×2×1))$では7種類足りない。組合せの数$35={}_7C_3(=(7×6×5)÷(3×2×1))$で十分な区別ができるようになる。リブ形成エリアは7つ、そのうち3エリアを各々重複しないようにリブを形成する（図

第6章　製品設計

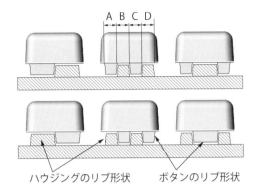

$_4C_2 = (4×3)÷(2×1) = 6$通り（4つから2つを選ぶ組合せの数を求める計算）

図6.3.4　リブ形状による組立ミス防止設計

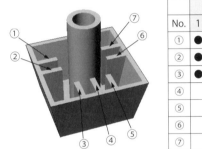

	ボタンのリブ仕様（●印はリブ形状あり）									
No.	1	2	3	4	5	……	31	32	33	34	35
①	●	●	●	●	●		●				
②	●	●	●	●	●						
③	●					……	●				
④		●						●	●	●	
⑤			●					●		●	●
⑥				●					●		●
⑦					●				●	●	●

※正しい組合せを設計するには、ハウジングのリブ仕様をボタンのリブ仕様と逆につくれば良い
※例）ボタンのリブ（①②③個所）、ハウジングのリブ（④⑤⑥⑦個所）

図6.3.5　区別すべき種類が多い場合の応用例

6.3.5）。こちらにおいても多くのボタン形状を対象に組立て間違いをなくす効果が得られた。

　ただし、組立て間違いされる可能性のある個所には、ボタンとハウジングの両方にリブをすべて形成したので、金型製作費用はアップした。ここにかけたコストは製品自身の機能・性能アップとなるわけではない。組立て間違いと金型コストのどちらにウェイトをおくのか議論になった。そのうち凝ったデザインの製品は少なくなり、間違い頻度の高いボタン個所のみリブ形状を付けることに落ち着いた。

関連解説1　組み立てられない設計としない

人が組立てを行うことを前提に設計するのか、あるいは自動組立機による組立てを前提に設計するのか、その両方を前提とするのかをあらかじめ決めて部品設計をしなくてはならない。人による組立てを前提に部品仕様の最適化を図った場合、受注数量が増えて自動組立することになると困難となる場合がある。人が容易に組み立てている作業であっても、機械での組立てが必ずしも容易であるとは限らないからである（図6.3.6）。

関連解説2　使いやすい治具と生産性

設計した筒状部品の治具設計について打合せすることがあった。組立工程に

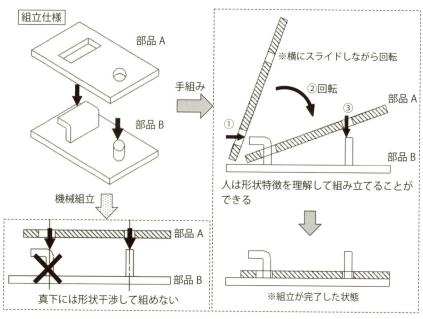

（人は形状特徴を理解してうまく組み立てていることをよく認識した上で、自動化投入を決める必要がある）
（人が容易に組み立てている作業であっても、必ずしも機械での組立が容易とは限らない）

図6.3.6　機械による組立てが困難な一例

おいて、筒状部品をあらかじめ向きを揃えて整列させて並べるための治具である。向きが揃っていると、作業者が片手で部品をつかんで次の組立作業のアクションに移りやすい。治具を安くつくれればとの思いから、一定のピッチを保ち細いピンをボードに打ち付けるアイデアを出した。ピンに挿入すると筒状部品が自立して整列するのである。

一方、生産技術のメンバーから出されたアイデアは、厚めの板に一定のピッチを保ち筒状部品の外径よりひと回り大きな穴を開けて、その穴へ放り込むようにして部品を自立・整列させるものであった（**図**6.3.7）。

実際に製作して試してみると、穴へ放り込む治具の方が整列させる作業は断然にやりやすかった。アイデアを頭だけで考えていては気づかなかったことであり、まさに「目から鱗」であった。生産技術（金型技術を含む）には語られないノウハウが非常に多い。治具に限らずこれらをよく知り最大限設計に活かしたい。

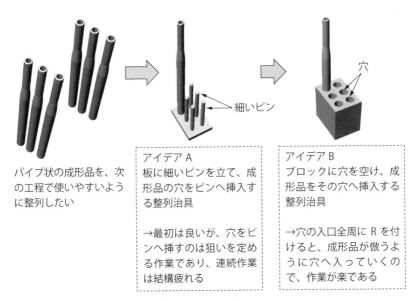

図6.3.7　使いやすい整列治具のアイデア

製品設計 4　新製品の仕様を決める

着眼▶
新製品の仕様を決めることは難しい。市場にない製品であっても、使い方の観点から製品仕様や耐久仕様を構築することができる

背景

　パソコンを使ってよく行う作業として、文書作成や表計算がある。はさみやボールペンを使うのとは異なり、「パソコンを使う」とはディスプレイの画面を見ながら考え、指で「キーボード」のボタンを叩き、手で「マウス」を操作する作業の連続なのである。

通常

　パソコンを使う場合は、カーソル（画面上の矢印）を動かして実行したいアプリケーションを立ち上げてから、文書作成や表計算などの具体的な作業を行う。カーソル操作には「マウス（手でつかんで動かす）」あるいは「タッチパネル（画面や平面を指で触れて動かす）」などの入力装置が不可欠である。

しかし？

　技術の進歩とともにパソコンは薄く軽く小さくなり、持ち運びも容易でどこでも作業ができるようになった。「マウス」の場合、移動中や出先へも持って行かなければならず、操作スペースが必要なことからマウスは不便となってきた。

そこで！

　マウスと同じ機能を持ったものを、パソコンの中にコンパクトに入れられないかと考えた。マウスはヒューマンインターフェース（人と機械との接点、人が機械へ意思を伝えるモノ）として優れた入力装置である。その良さを可能な限り引き継ぐ製品としたい。思い浮かんだ解決の姿は、「マウスを逆さまにし

たときに目にするボール（※現在は光学式マウスが主流でありボールはない）」を指で直接転がしてカーソルを上下・左右・斜めに自在に動かすイメージである。このボールを小さくしてパソコンに組み込みマウスのように使う。製品名称は「マイクロトラックボール」である。

開発当初、カーソル操作を必要とするアプリケーションもまだ少なく、製品性能の良し悪しをどう決めれば良いかという点で悩んだ。良し悪しの明確な指標がないと、具体的な設計ができない。ボール（Sϕ16程度）を指で転がして操作するので、指が受ける操作感触が重要な設計指標になると考えた。**表6.4.1**は操作感触が良いと感じる設計指標である。実物も何もない段階であったので、開発や設計を進めていく上での「仮説」に過ぎないが、この「仮説」があることにより検討を具体化でき、製品の基本設計を決めることができた。

①ガタなし：ボールを3点で支持する（**図6.4.1**）
②滑らか：3点支持に摩擦係数の小さいルビー球
③操作方向：3点支持球の相対位置
④トルク抵抗：ボールの重量

指の触覚は非常に繊細である。ボールの形状精度（真球度）がわずかに外れているだけで、転がり方のムラを指は感じ取ってしまう。操作感触のポイントはボール仕様であった。ボールはa) 硬く、b) 真球度が高く、適度なc) 自重、d) イナーシャ（回転系の慣性モーメント）、e) 動作時のトルク抵抗（ボールと支持部材の動摩擦係数（μ_k））が必要であった。これらを満足する可能性を調査すると、ビリヤードのボールがこれに匹敵した。ボールの材料は「不

表6.4.1 マイクロトラックボールの設計指標

操作感触が良くなると考えた設計指標（仮説）
① 指でボールを転がす際、ガタなく滑らかに転がる
② 指でボールを転がす際、引っ掛かり感なく滑らかに転がる
③ 指でボールを転がす際、上下・左右・斜めと転がす方向を変えてもボールは滑らかに転がる
④ 指でボールを転がす際、ある一定の回転系慣性モーメントを感じる
⑤ 指でボールを転がす際、高級な音響機器のボリュームを回すときのような適度なトルク抵抗がある

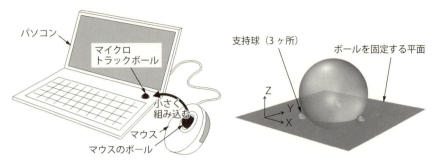

※3点で支持することによりボールを固定する平面がただ1つに定まるためボールの動作が安定する

図6.4.1 トラックボールの3点支持

飽和ポリエステル樹脂（熱硬化性）」である。

ボールを転がすときのトルク抵抗はどれくらいか計算をした。構成部品の設計パラメータを変えると操作感触にどう影響するかを調べ、後の試作品で検証をすることが目的である（図6.4.2）。

一方、耐久性の考え方においても、仮説を立てて評価の合理性を検討した。マウス操作の実態を調べると、一日にどれくらいカーソルを移動させているかがわかる。カーソルの総移動距離からボール操作に相当する距離を計算できる。40時間／週（8時間×5日）のペースで操作することを想定した。10年使用に相当するボール回転試験を行ったのち、カーソル操作機能に異常がないことを「信頼性」の基準とした。

結果

新製品開発において、仮説を立てて製品仕様・耐久仕様の設計を具体化し、試作品で仮説を検証するように開発を進めた。これにより合理的な仕様の製品を開発することができた。

なお…

マイクロトラックボールは、軽薄小が求められるノートパソコンを始めとする多くの携帯製品に採用され一世を風靡した。しかし、製品のさらなる軽薄小型化が進み、ボールのような立体ではなく平面操作（タッチパッド、タッチパ

第 6 章　製品設計

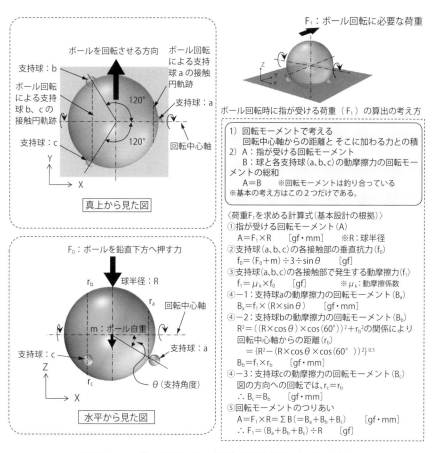

図6.4.2　ボール回転時に指が受ける荷重（F_1）の算出

ネルなど）へと移行した。「究極の入力方式」と感じて開発し市場で認められたとしても、「永久に続くわけではない」ことを、この商品の開発を通して身に浸みて感じた。

関連解説1　新製品と評価技術

　新製品開発では、製品性能を実現する製品設計と同じくらい評価技術の構築が重要である。仮に良い品質の製品をつくれたとしても、それが本当に良い品質なのかを評価して立証しなければ「本物」にはならない。製品性能には「基本性能」「耐久性能」があり、双方の評価が必要である。

　マイクロトラックボールには、マウスと同じくらい優れた認知機能（指で操作する方向と回転数が、頭の中のカーソル動作と一致する）がある。この基本性能の評価では、まず指でボールを回転している状況を調べて、次に機械にこれと同じ動きをさせて製品の出力信号を得る。実際の操作方向と回転数に対して、出力信号が一定の範囲に収まっていれば「合格」とする（図6.4.3）。

　耐久性能では、高温高湿などの環境評価、10年分の回転を実際に行う寿命評価などがある。10年といっても実際はいろいろな方向へボールを転がして使うので、寿命試験機もその動きに合わせて作動するように製作しなくてはならない。特に寿命試験においては、製品を相当な回転量だけ転がすようになるので、製品以上に堅牢で耐久性がある試験機仕様としなくては何を評価、保証しているのかわからなくなる（図6.4.4）。

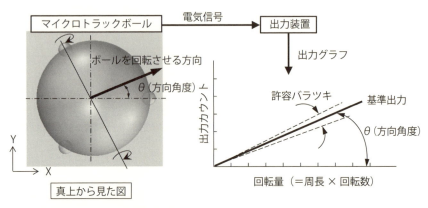

回転と出力の状況をよく観察する（グラフから何が起きているかを知る）
回転しているのに出力がでない場合は原因を調べる（スティックスリップ、処理回路異常など）

図6.4.3　新製品と評価技術の開発

第6章 製品設計

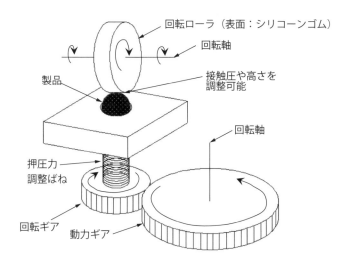

長期間の作動でも壊れないように、構成要素は簡素に設計
製品を回転する方向は、実使用に合わせて変えることができる設計

図6.4.4　寿命試験機の堅牢設計

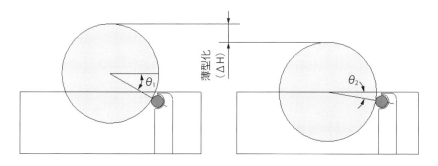

図6.4.5　製品の薄型化と操作荷重

　製品の薄型化と操作荷重（F_1）も無関係ではない。薄型化には支持角度（θ）を小さくすることが有効である。しかし図6.4.2の②式によりθが小さくなると支持部の垂直抗力（f_0）が大きくなり、操作荷重（F_1）も大きくなってしまう。設計にはバランスが必要である。設計と性能の関係を定量式で把握できるようにしておけば、いろいろな設計検討の役に立つ（**図6.4.5**）。

製品設計 5　プラスチック部品の図面

着眼▶
製品全体の品質を必要十分に満足させ、工法（部品のつくり方）に留意して描かれた図がプラスチック部品図面である

背景

日常生活の中でプラスチックが使われていないモノを見つけるのは非常に困難である。それだけ多くの製品や場所でプラスチックが使われている。それにも関わらず、学校時代を通してプラスチックでモノをつくることを学ぶ機会はほとんどない。仕事でプラスチックに携わるようになり、急ぎ知識や経験の仕込みが必要になるのが相場である。

通常

仕事に就いた場合、社内教育あるいは先輩などからOJT（On the Job Training）を通して学ぶことがある。プラスチックのモノづくりでは「樹脂」、「金型」、「成形加工」および「成形品設計」について学ぶ。これらの知識を踏まえて、部品を設計し、金型を設計・製作し、成形加工し、できた部品の品質を評価する。

部品をつくるためには、設計意図を第三者へ伝えて製作を依頼する。その際、第三者へ設計意図を伝える手段が図面である。図面はモノづくりに関わる人の共通言語である。よって、そこに描かれた図や記された言葉は、第三者に勝手な解釈を許さないくらい明確でなくてはならない。要は設計意図が正しく確実に、そして容易に伝わるよう描くことである。

しかし？

CAD（Computer Aided Design）ソフトを使ってパソコンで作図できる環境があり、形状を描き寸法を付与するだけで、いとも簡単に図面らしきものに

第 6 章 製品設計

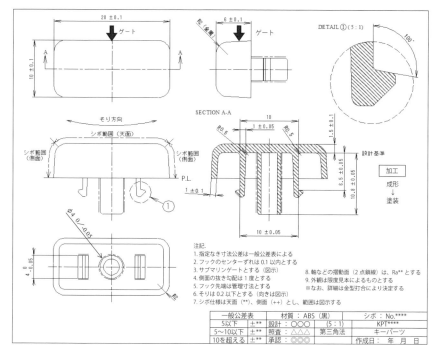

図6.5.1　部品図面（射出成形法で製作することを配慮した）

はなるが、まだ本物の図面ではない。図面はモノづくりの共通言語であるので、文法に相当する最低限のルールに基づいて描かれなければならない。また、プラスチック部品を成形によりつくる場合には、成形法ごとの特性を踏まえた部品図面とすることが必要となる。

そこで！

射出成形法の特性を踏まえた部品図面をもとに、プラスチック成形品設計の勘所を解説する（**図6.5.1**）。

①型割（キャビティ型、コア型の分割面）を決めること。図面にはPL（パーティングライン）と記す。このPL位置は成形品品質（分割線バリ、寸法精度など）に影響する。

②抜き勾配を決める。シボ粗さが大きい面で抜き勾配が不十分だと離型性が悪

くなり、最悪はキャビティに成形品が残り（キャビ取られ）、生産がストップする（図6.5.2）。

③金型を考慮したアンダーカット形状の設計。設計意図も大切であるが、金型で形状をつくることができなければ意味がない。事前に金型打合せを行い該当個所の金型処理方案（傾斜ピン方式、スライドコア方式、無理抜き方式など）を決め、実現性のある形状を決める。

④ゲート位置と方式。

⑤量産成形においては「そり変形ゼロ」は不可能であるので、製品性能において実害のないそり向きと許容寸法を決める。同時に生産者と受入側で再現性のある検査方法をも取り決める。

⑥突出形状を図面に盛り込むこと。突出形状がない図面を元に治具製作されると部品が取り付けられなくなる。部品検査では形状違いと判定をされる場合もある。

⑦ひけチェック。ベース肉厚とフック根元厚みとの関係。

⑧機能形状であるフック先端はそり変形しやすいため、この個所を管理寸法とする。

⑨表面仕上げ仕様と適用範囲。

⑩型番および取番情報。生産および市場クレームなどの際のトレーサビリティを確保する。文字（凸文字あるいは凹文字）をどこに入れるか。

⑪一般公差で部品仕様を設計できれば金型は安く製作できる。機能実現のためにバラツキを小さくする個所は公差指定する。

⑫外観限度見本。成形品質のすべてを図面で指定できるわけではない。成形品外観に現れる不良（黒点、キズ、汚れなど）および色ムラなどは実際の加工で発生する成形品を集め、良品と不良品の境界をどこにするかを現物見本で定める。

⑬樹脂の材質。金型設計する上で非常に重要な情報。物性仕様を特定するために必要な、樹脂商品名・品番などを記す。

射出成形を考慮した部品図面を作成できた。

第6章 製品設計

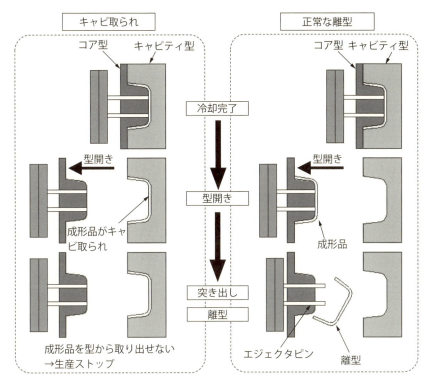

図6.5.2　正常な離型とキャビ取られ

　ここで部品図面ができたことは、射出成形という工法を考慮し、かつ部品の設計仕様をも満足する状態となったことを意味しており、出発点に立ったにすぎない。今後、自分の描いた図面に基づいて金型が設計・製作され、成形の立会、成形品の検証、成形不良時の対応、設計ミス判明時の対応、成形品最終判定などを通し、製品設計者として一人前となっていく。

関連解説1　部品の基準線

部品設計において基準線が必要となることがある。いくつもの部品を組み合わせてつくる製品では、個々の部品の基準線が製品全体の仕様に対して大きな意味を持つ。

筐体Aと筐体Bを組み合わせてつくる製品においては、外周部に基準をおくか、ねじ締め部に基準をおくかにより、組み立て完成後の製品品質が異なる（図6.5.3）。基準線1は、外周部をぴったり噛み合わせるために、ねじ締め部では少し隙間が空く設計思想である。ねじ締め後は筐体が僅かに変形する。基準線2は、ねじ締め部をぴったり合わせるために、外周部が僅かに空く設計思想である。製品をつかむと僅かにガタを感じる。どちらが良いとは必ずしも言えないが、設計思想的には組み立てると必ずどちらかの状態になるようにしておく方が、品質の安定を図りやすい。外周部とねじ部の寸法公差を、両者ともに±公差としてしまうと、組み立て後の製品品質は2つの状態が混在することとなり、品質を狙い安定させる意図からは外れる。

ボタンスイッチにおいては、押し込み前の状態（製品高さ寸法）と押し込み

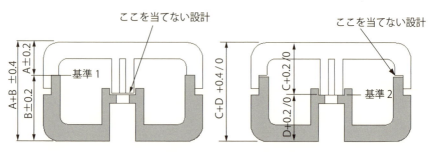

筐体接合面を必ず接触させる設計　　　　　ねじボス面を必ず接触させる設計
（最悪の場合でもねじボス面は当たらない）　（最悪の場合でも筐体接合面は当たらない）

理想は筐体とねじボスがぴったり合うように組み上がるべきであるが、実際の加工では仕上がり寸法にバラツキが出る
バラツキが出た場合に、筐体に隙間ができるかボスに隙間ができるかわからない設計では製品品質までばらついてしまう
必ずどちらかの状態となるような設計をすることにより製品品質を安定させる

図6.5.3　部品の基準と製品品質

後の状態（スイッチON安定、ラバー切れ回避）の２つの重要品質がある（**図6.5.4**）。押し込み前の製品高さ寸法を決めるのは、ハウジングに引っかかるボタンのフック寸法（長さ方向）である。押し込み後にスイッチON安定を確実にするのは、軸寸法（長さ）である。この軸寸法は長い方が接点を押し付けて確実なスイッチONを得られるが、長すぎると介在する荷重特性ラバーを切断してしまうため、軸長さには寸法精度が求められる。この２つの要件を満たすようにボタンの基準線を定めるとなると、ストッパとなる軸根元に設定すると都合が良い。この基準線を元にフック寸法および軸寸法の両方を定義づけることができる。

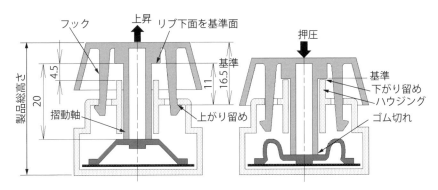

製品総高さを制御するのはフックの上がり留めであり、リブ基準面からの寸法で決まる
摺動軸の押し込みが過ぎるとゴムが切れる。リブ基準面をハウジング面に当てて下がり留め

図6.5.4　設計基準の効果

製品設計 6 プラスチック部品のつなぎ方

着眼▶
製品組立とは部品同士をつなぐこと。部品形状により容易に嵌合／解除可能なものもあれば、壊さない限り解除できない嵌合もある

背景

設計思想は製品および部品仕様に反映する。例えば、製品組立では部品同士の組立てが容易で、完成した製品は堅牢であるも役目を終えて廃棄する場合には、分解しやすい製品構造などである。逆に製品によっては一旦組み上がると、簡単には分解できない設計とすることもある。ここではパソコン用キーボード製品を例に、その中のいくつかの嵌合に関する設計思想を考える。

通常

部品同士を組み立てた後に、部品同士が①容易に可動、②軽い嵌合、③強い嵌合（無理に外すと製品が壊れる）の3つの状態がある。

①のケースとして、ボタンとハウジング（直線）、トーションばね（回転）、パンタレバー（回転）、などがある（図6.6.1）。

②のケースでは、開閉を前提としながらも、閉じたときにはガタがなく、ある程度の力を加えないと開かないような保持部が挙げられる。フックの嵌合（先端の半球形状）、リテーナの嵌合、チルト足（回転）、壁とリブとの嵌合（摩擦力）（図6.6.2）。

③のケースは、嵌合後に容易に外れては困るような嵌合部で適用される。フックの嵌合（フック形状と背当てにより外れにくい）。嵌合すると外れないことから「嵌め殺し」とも呼ばれる（図6.6.3）。

キーボードの筐体ケースにおいては、一般にねじで締め付けて固定することが多い。

第 6 章　製品設計

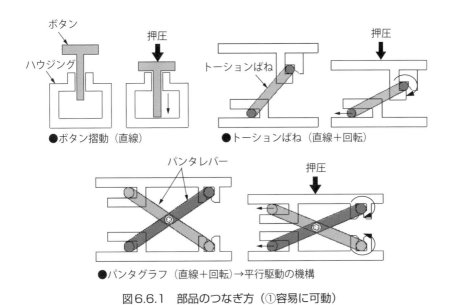

図6.6.1　部品のつなぎ方（①容易に可動）

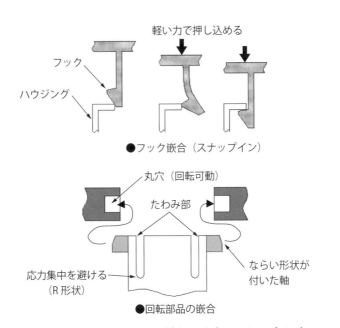

図6.6.2　部品のつなぎ方（②軽い嵌合：スナップイン）

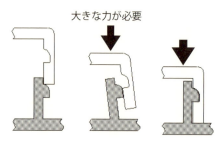

●フック嵌合（嵌め殺し）

図6.6.3　部品のつなぎ方（③強い嵌合：嵌め殺し）

しかし？

　製品全体がスケルトンで、製品内部が見えるデザインのキーボードを受注した。筐体ケースも透明である。キーボードの最前列ボタンと筐体ケース外形との寸法は非常に狭いデザインとなっており、ねじ締めによる筐体ケースの固定が設計的に難しい（図6.6.4）。それ以前に、ねじ締めによる筐体ケース固定では、ねじが表から見えてしまうのでデザイン的に望ましくない。筐体ケース固定には、製品内部の部品やユニットをしっかり固定し製品としてまとめあげる目的があることから、大きな嵌合力が必要となる。ねじが使えないとなるとどう固定すれば良いのか。

そこで！

　筐体ケースの形状を工夫して、狭いエリアでも大きな嵌合力が得られるフック（嵌め殺し）設計とした。大きな嵌合力を得るにはどのようなフック形状とすると良いかと考えを進めた。ねじ締め個所を単にフックに置き換える設計だと、嵌合力はねじ締めの嵌合力に劣る。フックは1つの梁（はり）であるので、樹脂製フックの梁たわみ剛性は大きく確保できない（図6.6.5）。梁たわみ剛性を大きくするには、梁の厚みあるいは幅寸法を大きくできれば良い。厚みについては狭いエリアでの設計解には相応しくない。

　フックの幅についてはどうだろうか。フックがパチンと嵌合した後に、二度と外れないくらいの大きな剛性を得るにはフックの幅を広くしてやればよい。

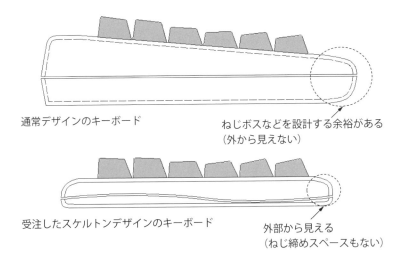

図6.6.4 筐体ケースの固定

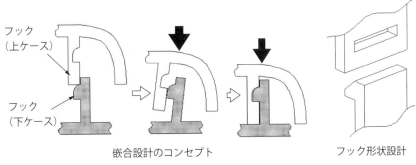

具体的なフック形状を設計するも、ねじの締結強度には劣る

図6.6.5 実際のフック設計

フックの幅の最大値は筐体ケースの長辺長さである。つまり筐体ケース全体のたわみ剛性を嵌合力として利用するのである。嵌合後は背当て形状により、外れる契機も得にくい設計とした（**図6.6.6**）。

ねじ締め個所が見えずスタイリッシュな透明デザインを実現しつつ、製品組

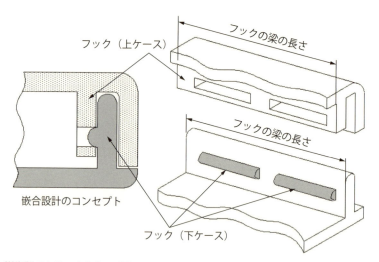

樹脂製であることから、どうしても梁強度が弱くなる→梁を強くする
上ケース、下ケースの形状の一部にフック形状を付けることで梁強度を最大とした
フックを外す場合は、ケースを壊すしかないくらいの強度を実現した

図6.6.6　ねじの締結力に匹敵するフックの強度設計

立において非常に大きな嵌合力が得られた。その嵌合力は壊さない限り外れない程度である。

量産の初期、製品内部に何らかの不具合があった場合は、筐体ケースを壊さなくてはならず、そのため交換用の筐体ケースを準備しておく必要があった。

第6章　製品設計

関連解説1　部品のつなぎ方のいろいろ

1) 形状同士

　柔らかい樹脂と固い樹脂との嵌合（タッパーウェアー、ケーブルをピンに絡ませて抜けない）（図6.6.7）

2) 接着

　①部品素材を溶かすタイプ
　②部品素材を溶かさないタイプ

　接着剤が付きにくい樹脂もあるので、設計初期に組立ての全工程をよく確認した上で樹脂素材を選定すること。普通の接着剤では付きにくい樹脂の一例として、PP（ポリプロピレン）、PE（ポリエチレン）などがある。

3) 溶着

　部品同士の一部を溶融状態として結合（溶接のようなもの）
　溶着には①熱、②高周波、③超音波の手段がある

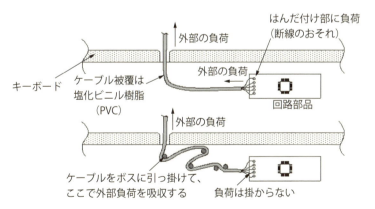

図6.6.7　材料の変形と摩擦力により脆弱部への負荷を防止

製品設計 7 海外量産の留意点

着眼▶
生産環境が変わるのが海外量産。人、加工設備、組立ライン、部材の物量など。量産立上に際する心構えと冷静な判断力が求められる

背景

製品の性能検証および信頼性評価を無事に終えると量産準備段階に移り、重心は量産性検証となる。ここで量産性とは、実際の量産における加工設備や組立ラインを使用し、「成形加工のサイクルタイム」や「製品組立タイム」の企画値（目標値）で製品をつくり、企画の良品率を満足することを指す（図6.7.1）。

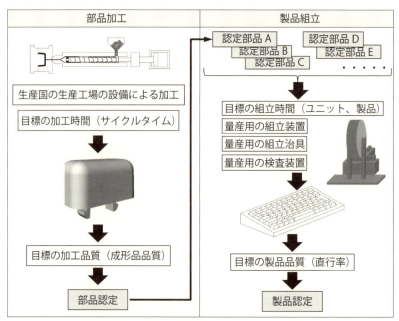

製品認定後、すべての諸手続が完了すると量産認定となる

図6.7.1　量産性検証とは

量産金型については国内で認定用の成形加工をある程度行い、成形品の形状・寸法をともに満足すると金型合格となり、後に海外の各生産拠点へ送られる。金型は生産拠点に到着すると、成形機へ取り付け成形加工する。成形機および温調機などの周辺機器は日本で検証したものと同じメーカー、型式の場合もあるが、メーカーや型締力などの設備仕様が異なることもある。生産国製の成形機を現地調達して成形加工することもある（**表6.7.1**）。

量産性検証は生産・製造系部門を中心に行われる。量産の生産場所や設備が変更となる場合は、その生産設備で加工した部品品質を検証し、部品認定の再取得が必要となる。成形品では量産の加工環境における成形品品質（形状および寸法、外観など）を再現検証する。

金型が同じでも成形機が異なると、成形品の形状・寸法が再現しない場合も

表6.7.1　国内生産と海外生産

	項目	国内検証または国内生産	海外生産
人	加工作業者 組立作業者 検査作業者	国内	現地作業者 ※ライン編成が不安定な場合あり
設備	金型	金型（合格品）	国内と同じ （2型目以降は現地製作もある）
	成形加工機 温調器 乾燥機	A社製 B社製 C社製	同じ、または異なるメーカー（現地国製もある）
	水道環境 電気環境	国内 国内	現地（pHなどが金型へ影響する場合あり） 現地（停電など不安定要素もある）
	組立装置 組立治具	購入または自作 自作	2台目以降は現地製作もある
	評価装置 検査装置	D社製 購入または自作	同じ、または異なる。なお、ない場合もある 2台目以降は現地製作もある
材料	樹脂材料 購入部品	小ロット（試作に足る量） 1社または1工場	大ロット（量産に足る量） 複数社購買、複数拠点から調達

ある。この場合は成形条件を調整して、目標の形状・寸法となるようにする。形状と寸法の両方を満足できれば良いが、寸法外れが発生する場合もある。

そこで!

　製品設計者の出番である。寸法外れは部品不良であるので、そのままでは量産を前へ進められなくなる。製品全体における当該部品の役割などを勘案して総合的に判断できるのは製品設計者だけである。

　まず行うべきは判断のために必要となる情報を集めることである。寸法外れの現品を数個渡されて「さあ、使えるのかどうか判断してくれ」と言われて即決するようでは、後に問題を起こす可能性がある。日本で成形したときに、形状と寸法をすべて満たして金型合格も果たしているのである。金型合格時と量産加工時とでは一体何が異なっているのか？なぜ部品不良となったのか？いくつかの確認項目を挙げる。急がれるときこそ冷静な心と目で対象をよく観察することが設計者には求められる。

1) 金型合格時と部品不良の加工とでは、成形条件はどう違うか？
　①金型合格時の成形条件で加工したか？　成形品質はどうだったか？
　②不良の成形条件は企画の成形サイクルタイムより短い？　長い？
2) 金型合格時の成形品見本と部品不良との違いをよく観察する
　①寸法差はどれくらい？（狙いよりも大きいのか小さいのか）
　②寸法外れ以外の個所の傾向はどうか？（大きめ　小さめ？）
　③不良品は成形後にどれくらいの時間が経過したものか？（後収縮）
3) 外れているのは寸法だけか？
　①外観における兆候（バリ、ひけ、色調など）はないか？
　②寸法がOKとなるよう成形条件を調整した場合、外観兆候は？
4) 使用した樹脂は正しいか？
　①樹脂名が同じで型番違いなどということはないか？
　②必要十分に乾燥された樹脂を速やかに成形機へ投入したか？
5) 実際の金型温度などの成形条件が安定して成形されたものか？
　①部品不良だと手渡された成形品の素性、履歴はなにか？
　②量産バラツキも小さく安定した品質となるベストな成形条件か？

第 6 章　製品設計

　1）～5）の確認項目は主に成形品の履歴を確認するものである。成形条件で寸法不良となったのなら、成形条件で寸法不良を調整することも可能かも知れない。しかし、外観兆候と寸法は密接な関係があるので単純ではないことも確かである。設計者としてその領域の関係を一度は確かめた上で、もうこれ以上の手立てはないことが判明したら、安定生産を前提に現品の使用可否を検討すべきである。安定して寸法外れとなるその寸法が、製品性能などへ与える影響を勘案して設計評価をする。いくつかの設計評価項目を挙げる。何と何を評価すれば漏れなく影響を知ることができるかの評価計画をつくり、急がば回れで、焦らず慌てず、それでいて早く評価作業を行う。

a）寸法外れ個所が単独個所の場合

　隣接部品との組合せや干渉などが一切ない場合は、外観および性能面の評価をしやすい（**図6.7.2**）。

b）隣接部品との関係がある場合

　双方の部品を適切な個数だけ準備し、該当個所の寸法を測定して、最悪の寸法関係となる部品同士を組合せ、何らかの不具合とならないかどうかを調べる。該当部品が多数個取りで取番がいくつも存在する部品であった場合には、各々の取番の部品を適切な個数だけ準備して同様の評価を行う。部品の使用をOKと判断した後に、取番の中で最悪寸法となるものが存在したと判明しても

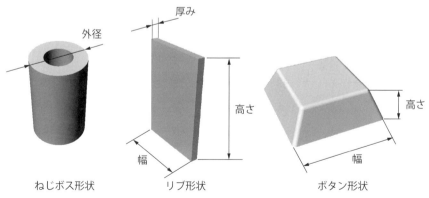

形状が他の形状と一体となっている場合はひけなどに気を付ける（例：リブ形状の厚み）

図6.7.2　単独の寸法外れ

遅いのである（図6.7.3）。ここまで検討と評価を行って、寸法外れの部品の使用可否を判断する。

結果

生産現地で加工した寸法外れ部品に対して、十分な調査を行い適切な使用可否判断を行うことができた。製品性能への影響もなく、滞りなく量産性検証を進め、日程通り量産スタートすることができた。

なお…

一旦、寸法外れ部品の使用を「可」と判断すると、金型の修正を前提としない場合は、部品図面の寸法変更が必要となる。寸法外れとなった公差寸法の範囲を拡大することにより、寸法外れの現品は図面指示寸法範囲内に収まることとなり良品扱いとなる。2型目以降を起工する場合の金型狙い寸法は、部品の初期寸法である（図6.7.4）。ここで論じた寸法外れは製造仕様（例：顧客仕様の約80％範囲）の話である。顧客仕様から外れる場合は、自社独自で判断できないことは言うまでもない。

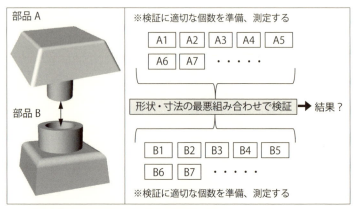

図6.7.3　隣接部品がある場合の寸法外れの検証

第6章　製品設計

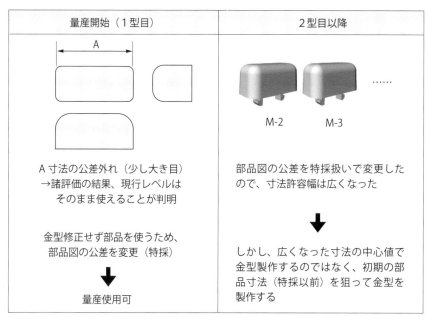

なお、ここでの公差は、客先仕様を元に公差範囲を狭めた製造仕様を指す

図6.7.4　公差外れの取扱いと2型目以降の金型製作

関連解説1　製品の組立速度

　量産準備の前段階で検証できなかったことに「組立速度」がある。組立速度は組立費（コスト）に直結するものであり「儲かる速度」でもある。それゆえ実際の生産拠点で人と設備を揃えて、企画の時間内で製品をつくらなければ量産性検証とはならない。性能試作では組立速度はほとんど関係なかったが、生産拠点入りし企画の組立速度を目の当たりにすると、こんなにも早いのかと実感する。と同時に性能試作時には現れなかった組立不良が頻発することがある。人が早く組み立てようとするあまり部品が変形したり、折れたりする。早く組み立てても組立不良とならないようにしなくてはならない。組立工程および作業の改善は行うも、原因系によっては組立しやすい部品形状へ変更することもある。製品性能に一切の影響を与えない範囲での形状変更。ここでも製品設計者の活躍が必要となるのである（図6.7.5）。

関連解説2　量産準備および量産でのいくつかの留意点

①部品図面に謳うことができない仕様に「外観」の良否判定がある

　生産拠点の成形機で加工した成形品を多く集めて、良品レベルおよび不良品レベルを選り分け、1つのボードに貼り付けた現品見本を作成する。これが限

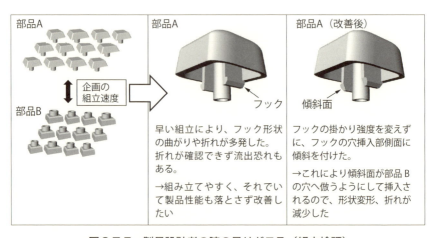

図6.7.5　製品設計者の腕の見せどころ（組立検証）

度見本である。見本は「キズ」「打痕」「異物」「黒点」「色調」「光沢」などの必要な判定項目について、作業者が良否を判定しやすいように作成する。限度見本の作成には品質管理担当と協力して行うと良い。

②ロット違いの樹脂材料が納入される
　量産に入ると樹脂材料が次々と納入されてくる。試作時は1ロットの樹脂材料で事足りており、異なるロットの品質バラツキを知る由もなかった。しかし、量産性検証で見過ごされた「ロット違い材料」における成形品質の影響があるかも知れない。ロット切替のタイミングがわかるならば、少し気に掛けて確認をした方が良い。

③限度見本をつくることが困難な例
　「キズ」「汚れ」などの外観不良については、限度見本によるOK／NG判定が容易である。しかし、「操作感」などの感触は、判定レベルを作業者へ伝えるのが一般に困難である。可動部がある製品では設計意図に適った動きとなるかの判定が必要である。動作感触を表す言葉（「動きがしぶい」「可動域でカクンとなる」など）だけでは判定基準にはならない。実際は検査中に違和感があったら、都度一緒に感触レベルを確認することとしていた。
　あるとき典型的な感触不良の製品が発生したので、関係する工程の作業者へ限度見本として渡した。製品の品位に関わる感触不良であったので、ちょうど良いタイミングであった。しばらくして組立工程を見に行くと、検査工程は不良の山となっていた。発生している不良を確認すると「感触不良」とのこと。しかも、さっき渡した限度見本の感触である。不良となった製品の感触を確認したが特に不良レベルではない。もしやと思い限度見本を触ってみると良品レベルとなっていた。不良を流出させまいとした作業者が限度見本の感触を都度確認したため、いつしか不良見本が良品見本となってしまっていたのである。経時で見本の判定レベルが変わるような検査項目は難しい。

番外編	**製品設計者の ハンドキャリー顛末記**

着眼 ▶
量産開始直後に部品が大量不良。製造元へ製品設計者自らが赴き、改善後の加工方法および製造された部品仕様を確認し、量産初期分に必要な数量の部品を持ち帰る（ハンドキャリー）

背景

量産に関わっていると一度は経験するハンドキャリー。通常の物流では「モノ」が「納期」に間に合わない場合、人が直接運んで「モノ」と「納期」をつなぐ。

顛末　やむを得ず行ったハンドキャリー

1. 顧客からの支給品

　顧客デザインと製品化の両検討が同時進行となる場合も多い。そのような中、ある部品は顧客が調達先を決め、初度品は顧客支給となった。実はこれが後に曲者であることを思い知らされることになる。
　支給してもらえるということは、「自分でやらなくてもよい」ということでは決してない。そのうち、すぐに自社で責任を持って調達しなくてはならなくなる。支給された部品が不良であれば製品ができず、納期通りに出荷できなくなり納入責任に至る。支給品は自社の管理下になく、進捗（品質、コスト、スケジュールなど）がギリギリまでわからない。

2. 生産ラインがストップ

　現地工場ではすでに量産試作用の部品が集結し、成形部品も加工が始まっていた。そのような中、現地工場から「支給品が使えるレベルではなく、試作も量産もこのままではストップする」との連絡が入った。

支給品は「透明樹脂シートに、①製品が取得した規格情報、②見る角度によって模様が変わるデザインが印刷された製品シール」である。現状は「シールが剥離紙からなかなか剥がれず、無理に剥がすとシート材の樹脂が割れる。歩留りは10～15％」ということだった。早急な対応が必要な状況だと認識し、製品立上の出張日程を前倒しして現地工場入りすることとした。

3. ハンドキャリーする

　現地工場で状況を確認した。1枚の大きなシートに10個分のシールが面付けされた仕様である。ビク型で半抜き（＝樹脂シート厚の分だけ外形を抜き、剥離紙は抜き落とさない）し、樹脂シートを剥離紙から容易に剥がせるようにしたものが、本来あるべき部品仕様である（**図1**）。

　しかし、実際はビク型の抜きが甘く、樹脂シートが完全に外形抜きされておらず、独立した個々のシールになっていないことが剥がれない原因だとわかった。今のままでは試作も量産も開始できない。すぐに部品会社へ飛び、試作と量産の頭出し分をハンドキャリーするしかないという結論に至った。

　部品会社へ行く目的は、部品を単に持ち帰るだけではなく、加工条件と品質を見極める意味が大きい。単純明快な不良原因であっても、対策が上手くいかないこともある。そのようなときには、①解決方法の提案、②品質の見極め、③加工能力の見極めなどにより、初度品に対して一定の妥協が必要となる。部品品質の妥協を含めた総合判断ができるのは製品設計者のみであり、議論を待たずに自分が飛ぶことに決まった。

4. 部品会社へ飛ぶ

　2～3日の宿泊に必要なものを持って、翌日北京からロサンゼルス経由で自社の現地法人オフィスへ行き、営業と合流した。製品シール現物を元に状況を説明し、午後にはハンドキャリー用のスーツケースを調達すべく街へと繰り出した。かなりの物量となるので1,000mm×600mm×400mmのサイズを選んだ。鞄屋の主人も「この鞄は10年持つ」と耐久性に太鼓判を押した。

　翌日、顧客とともに部品会社があるフィラデルフィアへ向かった。部品会社へ着くと、加工条件を変えた製品シールが試作されていた。剥離紙から製品

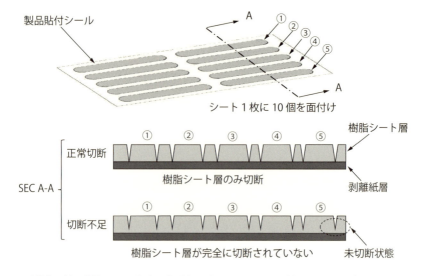

図1　剥離不良の原因（シール断面図）

シールを実際に剥がしてみると、製造ラインで問題なく使えるレベルにあることが確認できた。加工条件と品質の安定を確認できたため、持ち帰り分の加工日程が決まると、出張で来た人は全員、私を残して帰ってしまった。

5. 消えた直行便

　到着3日目の夜に全加工が終わり、宿泊するホテルへ部品の全数が届いた。念のため中身を確認し、その後にスーツケースへと移し替えた。

　4日目の朝、ホテルからフィラデルフィアの空港へ向かった。帰りは北京への直行便であり、「乗れさえすれば安心」と気楽に構えていた。カウンターでチェックインするときに「荷物を小分けにしてくれ」と言われた。スーツケース1個が重すぎたのである。ダンボール箱を準備してもらい、列から少し外れた場所で小分け作業を終えた。列へ戻り、預け入れをしようとした矢先に、目の前の行先表示板がパタパタと回転して、自分の乗る便が欠航

(CANCELLED)となった。カウンターで状況を確認すると、この便はなくなったという。初めての経験であり、大変動揺した（営業に後で聞いたところ、アメリカではたまにあるらしい）。

　直行便で帰る日程を中国の工場へは伝えてあり、量産日程を守る使命もあったため、何とかして部品を無事に持ち帰らなければならない。カウンターで欠航処置を英語で話すものの、要領を得ない。日本語サービスに代わってもらい、代替の運航プランを決めることができた。そのプランとは「ここからミネソタ州のミネアポリス・セントポール国際空港へ移動して1泊。翌日、ロサンゼルスと成田経由で北京」だった（図2）。問題なく北京までつながるのであれば、と代替プランを承諾した。

　最初のミネアポリス空港に到着し、空港を出てタクシーで指定のホテルへ向かった。その後、ホテルから中国の工場へFAXを入れた（1998年当時、携帯電話はそれほど普及していない）。現在、どこにいて、何の便でいつ北京空港へ着き、1人では持てないほど荷物が多いなどの情報を伝えた。

6. ハンドキャリーの荷物がない

　翌日、早めに空港のチェックインカウンターに行った。同じ航空会社であれば、最終目的地（北京）まで荷物を運んでくれるという認識であった（スルーバゲージ）。ただ、少し荷物が気になり念のため確認したところ、「お預かりの荷物はありません」という。

　昨日フィラデルフィアから持ってきた荷物だと説明をすると、「飛行機を降

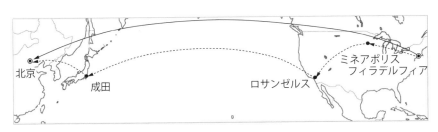

代替航路（1日目）：フィラデルフィア→ミネアポリス
代替航路（2日目）：ミネアポリス→ロサンゼルス→成田→北京

図2　直行便（実線）と代替航路（破線）

りて空港を出る場合、ミネアポリス空港で荷物はいったん下ろされる。お客様がこれを引き取り、さらに先へ移動する場合は再預け入れすることになっている」と言われ、急に青ざめた。その荷物は今どこにあるのか聞くと、このビルの地階に置いてあるとのこと。急いで地階に行くと、たくさんの荷物が通路の向こうまでずっと続いていた。その中から自分の荷物を探し当て、近くにあった台車を拝借してカウンターへ急ぎ、無事に再預け入れを完了した。「今度は荷物も私も一緒に北京に着きますね」と確認すると「はい」とのことだった。

7. 最終目的地「北京」へ着く！

　ミネアポリス空港からロサンゼルス、成田経由で北京空港までは、トランジットの待ち時間を入れると、1日の移動時間としては相当な時間を要した。重要な荷物と一緒であることから、時間だけではないストレスが疲労を増した。成田空港のトランジットでは、旅行者の楽しそうな日本語の会話に気持ちが和らいだ。さて、これから最後のフライトで北京だ。

　北京空港へ着くと、日は暮れて暗くなっていた。当時も現在も同様だが、ハンドキャリー品がある場合の税関通過は、最後の大きな関門である。大きなスーツケースだけでも目立つのに、加えて小さな小分けダンボールをいくつも台車に積んで空港を出ようとするわけである。平静を装って「税関申告なし」の出口へ向かおうとした。しかし、荷物が非常に多いことが奇異に映ったのか、1人の係員に呼び止められた。言葉はわからないが、「中を空けろ！」と言っているのはわかった。

　スーツケースを開けたときにポロリとこぼれた1枚を係員へ見せて、コンピュータ関連製品に使う部品だと説明した。ここで荷物を没収されたら、ここまでの苦労が水泡と帰すため必死だった。納得がいかない顔をされた際に、フィラデルフィアの部品会社に作成してもらった「インボイス（＝物品の送付時に税関への申告・検査のために義務づけられた提出書類）」があったことを思い出した。部品と一緒に係員へ渡すと、少し離れた何人かと協議が始まった。しばらくすると戻ってきて、「行ってよし」との身振りで解放された。安堵するより、少しでも早く空港の出口を出たい気持ちだった。

　出口の向こうに迎えの車が見えた。ミネアポリスのホテルからFAXで到着

便の連絡をしたのが無事に伝わっていたのだ。これで落ち着いて安心して休める。

　翌日、工場へ出向くと「よく無事に帰ってきた！」と戦場から生還してきたかのような出迎えぶりであった。何はともあれ、試作と量産を始めるのに必要な部品がようやく揃った。製品としての量産性検証がここからスタートする。なお、検証過程で何が飛び出してくるかはわからない。量産開始へと手放しで解決できるパスポートなど誰も持ちはしない。あるとすれば、持ち合わせの知識や経験をフル動員して、遭遇する状況を1つひとつ乗り越えていくこと。これが唯一のパスポートである。

索 引

【英数字】

OJT（On the Job Training） …… 206
QC工程表 …………………………… 176
R曲げ方式 …………………………… 33
YAGレーザ …………………………… 98

【あ】

アニール処理 ……………………… 159
アンダーカット …………………… 32
安定であること …………………… 10
一括組立方式 ……………………… 21
一括成形 …………………………… 21
入れ子 ……………………………… 41
インボイス ………………………… 230
ウェルドライン …………………… 142
薄型化 ……………………………… 34
エアートラップ …………………… 66
エアーベント ……………………… 71
液状射出成形法（LIM） …………… 29

応力緩和 …………………………… 164
応力集中 …………………………… 64
押出成形 …………………………… 182

【か】

カーボンブラック ………………… 99
海外生産 ……………………… 154, 219
鍵と鍵穴 …………………………… 195
荷重たわみ温度 …………………… 92
金型合格 …………………………… 220
金型製作費 ………………………… 40
金型生産能力 ……………………… 134
金型トライ ………………………… 148
金型の生産仕様 …………………… 43
金型の働き（機能） ……………… 69
金型メンテナンス ………………… 151
嵌合力 ……………………………… 214
乾燥不足 …………………………… 156
基準線 ……………………………… 210

キズ不良 …………………………… 167
機能の一体化 ……………………… 187
機能の重要度 ……………………… 186
機能ブロック図 …………………… 188
キャビティレイアウト …………… 13
キャビ取られ ……………………… 209
急加熱急冷却金型 ………………… 145
共通化 ……………………………… 37
共通部 ……………………………… 39
鏡面仕上げ ………………………… 54
組立速度 …………………………… 224
組立て間違い ……………………… 194
組立ミス防止設計 ………………… 197
組み間違い不良 …………………… 19
クリアランス精度 ………………… 14
クリアランス設計 ………………… 12
グレード違い品 …………………… 80
蛍光X線分析装置 ………………… 141
ゲート通過速度 …………………… 119
削り試作 …………………………… 114
原図設計 …………………………… 122
限度見本 …………………………… 166
公差外れの取扱い ………………… 223
公差表記 …………………………… 17
工場内検査 ………………………… 173
工程能力(Cp) …………………… 150
顧客支給 …………………………… 226

顧客の使い勝手 …………………… 84
コストダウン課題 ………………… 81
固体潤滑成分 ……………………… 190
コントラスト ……………………… 102

【さ】

サイクルタイム …………………… 128
材料データベース ………………… 109
作動力特性 ………………………… 24
残留ひずみ ………………………… 161
シート状スプリング ……………… 25
ジェッティング …………………… 116
思考実験 …………………………… 45
自然落下方式 ……………………… 170
自動組立機 ………………………… 198
視認性 ……………………………… 88
シボ摩耗特性 ……………………… 89
射出成形金型 ……………………… 68
射出速度 …………………………… 117
シュータ …………………………… 171
樹脂系要因 ………………………… 101
樹脂合流部 ………………………… 146
樹脂特性 …………………………… 104
樹脂の決定プロセス ……………… 111
樹脂の適用実績 …………………… 112
樹脂へのインパクト(影響) ……… 78
樹脂流路 …………………………… 144

寿命試験機	205	そり定義	125

【た】

シリーズ評価	97	ターンキー生産システム	22
シリコーン	28	ダミー形状	143
シルバーストリーク	155	単体スプリング	26
真空成形法	184	単独の寸法外れ	221
真直度	185	段取り時間削減	103
人的要因	157	ダンベル形試験片	95
真の特性	9	タンポ印刷法	75
真の要因	174	チェックリスト	169
信頼性評価試験	96	着色ペレット	140
スナップイン	44	注記	126
静荷重解析	132	中心ずれ寸法	127
成形圧力差	115	締結力	165
成形システム	175	適正な肉厚	61
成形条件	118	デザイン要素	52
成形性実績	113	テフロン微粒子	191
成形品外観判定項目	149	添加剤	91
成形不良	120, 172	電気接合	181
製造仕様	222	転写	70
製品信頼性	173	伝熱量	131
製品設計の役割	8	同材質摺動	190
整列治具	199	導電性のゴムチューブ	183
設計基準の効果	211	特性要因図	158
設計の意図	124	取番	168
接着性	85	トレーサビリティ	79
繊維配向	107		
相溶化剤	90		

【な】

ナチュラルペレット ……………… 139
人間工学 ………………………… 30
熱的特性 ………………………… 93

【は】

剥離不良 ………………………… 228
発想のヒント …………………… 193
はめあい ………………………… 16
はめあい品質 …………………… 18
嵌め殺し ………………………… 212
バリ発生メカニズム …………… 179
パンタグラフ …………………… 213
ハンドキャリー ………………… 227
ひけ ……………………………… 60
ひけを回避する設計 …………… 65
比重 ……………………………… 108
非接触非破壊 …………………… 67
ヒューマンインターフェース … 200
評価技術 ………………………… 204
標準仕様 ………………………… 36
表面粗さ ………………………… 87
表面改質 ………………………… 77
ピンポイントゲート …………… 35
フープ成形 ……………………… 15
付加形状 ………………………… 53
フック嵌合 ……………………… 82

フック設計 ……………………… 215
フックの強度設計 ……………… 216
太すぎるスプルー／ランナー … 135
部品図面 ………………………… 207
不飽和ポリエステル樹脂 ……… 201
プラスチック成形品設計 ……… 207
不良現象 ………………………… 178
不良在庫 ………………………… 137
ブレインストーミング ………… 192
プレート突出し ………………… 73
ペア取り ………………………… 42
ヘジテーション ………………… 121
偏光板 …………………………… 163
変動部 …………………………… 39
偏肉 ……………………………… 63
偏肉設計 ………………………… 162
保圧 ……………………………… 129
ボイド …………………………… 62
ホットランナー ………………… 147
ポリマーアロイ ………………… 86

【ま】

マイクロトラックボール ……… 201
マスターバッチ ………………… 138
無理抜き ………………………… 46
モールドベース ………………… 72
文字印刷技術 …………………… 74

文字カスレ ……………………… 100
モノづくりの流れ ……………… 11
モノのつくり方(工法) …………… 180

【や】
指が受ける荷重 ………………… 203
要素技術 ………………………… 27
溶着 ……………………………… 217

【ら】
ランナー長と成形品品質 ……… 23

離型後の後収縮 ………………… 152
離型性 …………………………… 47
リブ形成エリア ………………… 196
量産性検証 ……………………… 218
量産の組立速度 ………………… 83
理論冷却時間 …………………… 133
冷却時間 ………………………… 130
レーザ印刷 ……………………… 76
ロット違いの樹脂材料 ………… 225

■著者紹介■

伊藤　英樹（いとう　ひでき）

伊藤英樹技術士事務所　所長　技術士（応用理学部門）
1963年　福岡県生まれ
1982年　福岡県立東筑高等学校卒業
1986年　東京理科大学理学部物理学科卒業
同　年　アルプス電気（株）入社　製品開発部勤務、パソコン・携帯電話および車関連分野におけるヒューマン・インタフェース製品の企画・開発・設計・量産に従事
2009年　伊藤英樹技術士事務所設立
現　在　（公社）日本技術士会会員、（一社）型技術協会会員、（公社）いわき産学官ネットワーク協会コーディネータ、いわき商工会議所会員、（一社）首都圏産業活性化協会（TAMA協会）コーディネータ、（一社）品質工学会会員、（一社）プラスチック成形加工学会会員、（一社）プラスチック工業技術研究会会員、（一社）日本品質管理学会会員
業務内容　◎プラスチック製品・成形品の設計に関する技術指導・コンサルティング
　　　　　◎ヒューマン・インタフェース製品の企画・設計に関するコンサルティング
　　　　　◎CAD/CAE技術に関するコンサルティング
　　　　　◎新製品開発のコンサルティング
　　　　　◎技術者育成に関するコンサルティング
事務所　〒970-8026　福島県いわき市平字正月町36-1　サンクレイドルいわきレジスタ1101
　　　　TEL　0246-88-6165　FAX　0246-24-7235
　　　　E-mail：dick-ito2@apost.plala.or.jp

製品設計者の手戻りをなくす
プラスチック金型・成形 不良対策ファイル35　　NDC566

2019年2月20日　初版1刷発行　　　　　　定価はカバーに表示されております。

  Ⓒ著　者　　伊　藤　英　樹
  発行者　　井　水　治　博
  発行所　　日刊工業新聞社

〒103-8548　東京都中央区日本橋小網町14-1
電話　書籍編集部　　　03-5644-7490
　　　販売・管理部　　03-5644-7410
　　　FAX　　　　　　03-5644-7400
振替口座　00190-2-186076
URL　　http://pub.nikkan.co.jp/
email　info@media.nikkan.co.jp

印刷・製本　新日本印刷株式会社

落丁・乱丁本はお取り替えいたします。　　2019　Printed in Japan
ISBN 978-4-526-07907-8

本書の無断複写は、著作権法上の例外を除き、禁じられています。